# 環境保全・再生のための 土砂栄養塩類動態の制御

監修 池田駿介・菅　和利
編集 国土文化研究所

近代科学社

◆読者の皆さまへ◆

小社の出版物をご愛読くださいまして、まことに有り難うございます。
おかげさまで、㈱近代科学社は1959年の創立以来、2009年をもって50周年を迎えることができました。
これも、ひとえに皆さまの温かいご支援の賜物と存じ、衷心より御礼申し上げます。
この機に小社では、全出版物に対してUD（ユニバーサル・デザイン）を基本コンセプトに掲げ、そのユーザビリティ性の追究を徹底してまいる所存でおります。
本書を通じまして何かお気づきの事柄がございましたら、ぜひ以下の「お問合せ先」までご一報くださいますようお願いいたします。

お問合せ先：reader@kindaikagaku.co.jp

なお、本書の制作には、以下が各プロセスに関与いたしました：

・編集：石井沙知
・組版、カバー・表紙デザイン：菊池周二
・印刷、製本、資材管理：大日本法令印刷
・広報宣伝・営業：山口幸治、冨高琢磨

● 本書に記載されている会社名・製品名等は、一般に各社の登録商標または商標です。本文中の©、®、™等の表示は省略しています。

---

・本書の複製権・翻訳権・譲渡権は株式会社近代科学社が保有します。
JCOPY 〈(社) 出版者著作権管理機構 委託出版物〉
本書の無断複写は著作権法上での例外を除き禁じられています。
複写される場合は、そのつど事前に (社) 出版者著作権管理機構
（電話 03-3513-6969、FAX 03-3513-6979、e-mail: info@jcopy.or.jp）
の許諾を得てください。

# 刊行によせて

　川は文明を育む源であり、人と川の関わりは、地球上のそれぞれの地域の自然的・歴史的・文化的営みにより形成されてきた社会的共通資本である。日本においては、「治水」、「利水」に加えて、1997年の河川法改正により、「環境」が河川管理の目的に位置づけられたことにより、流域を基盤とする河川環境の保全・再生の考え方が広く行き渡るようになった。

　本書は、このような国土保全の中核となる陸域・河川域・沿岸域における統合的な流域管理の技法について、水・物質輸送の基礎から説き起こし、測定・分析手法、河道・ダム・河口における土砂栄養塩類の動態分析、石垣島やパラオ諸島での実地調査、さらにはこれを踏まえた農業、土地利用の代替案を示すことにより河川管理の社会的取り組みの方法論にまで言及した力作である。執筆・監修にあたられた池田駿介・東京工業大学名誉教授は当該分野における第一人者であり、その薫陶を受けられた研究者が、流域管理という巨大な対象に緻密な観測とデータ分析に基づき、精緻な論を展開する構造となっている。

　本書の特徴は、精緻な学術的研究を体系的に積み上げたものであるが、まず科学としての原点を読者にわかりやすく提示することから始めていることにある。

　第1章は、「水・物質輸送」とは、どのような概念であるかについて、侵食・土砂の輸送・洗掘と堆積について概説し、そこにおける物質輸送・変換と栄養について、複雑系を把握する論理的構造を提示している。

　第2章は、観測・分析・解析手法について、豊富な図版に基づくフィールドにおける観測方法を示し、取得したデータの分析手法や数値シミュレーション手法をわかりやすく解説している。

　第3章は、河道における土砂栄養塩類の動態について分析し、河川生態系が何により、どのように支えられているかについて仮説を提示し、瀬・淵、洪水による氾濫原の攪乱、更新などの作用、生物生息場適正評価について言及している。

　第4章は、ダムにおける土砂栄養塩類の問題について分析したものであり、堆砂対策、富栄養化の問題など、洪水制御のみならず良質で安全な水の確保のためには、ダム本体だけではなく、集水域も含めた流域一環の考え方が必要であることが述べられている。

第 5 章は、河口マングローブの土砂・有機物・栄養塩類の動態について沖縄県石垣島名蔵川河口域を対象として分析を行ったものである。河口に発達するマングローブ林の物質輸送をクリーク、地下浸透、小潮・大潮期からモデル化し、マングローブ林の存在が、周辺水域の栄養塩源として存在していること、また、潮汐作用が極めて重要であることを明らかにしている。

　第 6 章は、これを踏まえて赤土流出とサンゴ礁の保全・再生の具体的手法を提示したものである。赤土流出の実態を土地利用の違い、沿岸域における赤土流出の現状、サンゴ礁の現状から分析し、サンゴ再生技術について実証実験をもとに提言している。また、赤土流出抑制対策として、営農的対策と土木的対策の双方が重要であることを述べている。

　第 7 章は、同じく島嶼であるパラオ共和国を対象とする、熱帯島嶼の持続的発展の基盤となる赤土流出とサンゴ礁の保全に関する分析と社会的技術に関する提言である。パラオ共和国では、近年の観光開発による空港や道路の建設、首都移転などに伴い、赤土の流出が顕在化し、サンゴが死滅する事態が生じている。この研究は、赤土流出が顕著な流域の実態調査にもとづき、保全工法、復元力を損なわない環境容量の考察などが行われている。

　第 8 章は、環境保全に向けた社会的取り組みについて、石垣島での環境保全型農業、これを支援する基金制度、サンゴ礁基金、パラオ共和国における環境保護政策とエコツーリズムの展開について述べられている。

　総じて、本書は、川のもたらす恵みを、土砂栄養塩類の動態という科学的視点から解明し、環境保全型農業、流域一環の環境マネジメントの重要性を展開したものである。地球環境の持続的維持、さらには回復力（レジリエンス）の高い環境管理と再生が、大きな課題となっている今日、極めて重要な視点と具体的方法論を提示したものである。

平成 26 年 10 月
中央大学理工学部教授・東京大学名誉教授
石川幹子

# 序　水環境と国土文化

　自然豊かなイメージがある河川であるが、人間と川との関わり方は時代とともに変化してきた。わが国では、稲作が主要な生産物であったことから歴史的に水循環を機軸とした国土・社会を作りあげ、その中で独自の文化が育まれてきた。河川が作りあげた沖積地を生活の場としてきたわが国は、常習的に洪水に襲われる宿命にあり、自然がもたらす外力が人間が有する防御力に対して圧倒的に大きかった時代には、人々は洪水に備える様々な知恵を生み出すことによって、水害を軽減する工夫を行っていた。

　明治時代に欧米の近代技術を導入したわが国は、河川においても近代治水に向かって邁進した。明治29（1896）年には旧河川法が制定され、舟運のための低水管理が中心だったわが国の河川管理は、交通輸送が鉄道に取って代わられるとともに、社会に害をもたらす洪水の防御に主眼が置かれるようになった。例えば、利根川は江戸時代には「関東の大動脈」として機能した。利根川縁の布川で少年時代を過ごした柳田國男は、東風が吹き始めると帆をあげた舟が列をなして利根川を上ってくる情景を記述している。このような舟運を中心とした低水管理は、鉄道輸送への転換や経済発展による土地利用度の上昇を背景として水害の頻発が生じ、特に明治43（1910）年の大水害を契機として高水管理へと移行する。第二次世界大戦後は、長い戦争によって荒廃した国土を背景として、昭和22（1947）年にはカスリーン台風による大水害が発生した。河川改修事業については、多目的ダム事業が推進され、洪水処理、水資源開発、水力エネルギー供給を目的として、河川改修と一体となって洪水防御が図られた。

　一方では、経済発展や都市化により水質の悪化が目立ち始め、河川改修によって生物の生息の場が急速に失われるなど、河川環境の悪化が進行した。人々は、潤いや生物生息の場としての河川環境の重要性に気付き始め、国民の要請に応えるため、平成9（1997）年には「環境の整備と保全」が河川法の目的に位置付けられた。

　高度成長期と比較すれば、大幅な改善が見られる河川環境であるが、それでも解決すべき課題が多く残されている。本来、河川は開放系であるが、河川構造物などにより土砂栄養塩類の自然な流れが阻害されることがあり、ある場所では土砂堆積や栄養塩類の堆積が生じ、他の場所では土砂の枯渇が起こる。また、土地

開発や利用形態の変化は、土砂栄養塩類生産を増加させることが多く、様々な環境上の問題点を生じさせている。このように、河川は人々の生活と切り離せない。河川の利用は人々の生活に恩恵を与えるとともに、以上述べたような負の一面も生み出す。

土木技術者の仕事は、新しい構造物を建設するのみではない。戦後、不足していたインフラ整備に邁進し、社会に貢献してきた土木技術者であるが、人間活動の結果が生み出す諸課題を科学的に研究し、その解決策を提案することもこれから土木技術者の大きな仕事になるであろう。そのことによって、豊かな国土文化が生み出される。

本書は、この約20年近くにわたって陸・川・海における水・土砂栄養塩類の移動・制御、およびそれらが生物・生態系に及ぼす影響を野外や実験室において行った研究の成果を中心にしてまとめたものである。主なフィールドは、東京都多摩川、沖縄県本島・石垣島、パラオ共和国であり、共同研究を行った研究者に得意な個所を分担執筆していただき、取りまとめた。編集にあたっては、個々の研究成果の単なる寄せ集めでなく、水・土砂栄養塩類の物質循環に関わる体系を一貫して記述するように努めた。また、いわゆる自然科学・技術の成果を述べるにとどまらず、その成果を自然環境の復元や社会に還元・実装して初めて真の成果が得られるといえよう。このことから、生物系や社会系の研究者の方々にも共同研究に参加していただき、その貴重な成果も記述している。

その間、鹿島財団研究助成、科学研究費基盤AおよびS、海外学術研究Bの補助を受けた。また、現地での研究遂行においては、石垣島では干川明氏、池原吉剋氏、(株)中央開発宮本善和氏、日本生態系協会安東正行氏、土木学会古木守靖氏、パラオではアニタ・ロリータさんをはじめとする多くの方々の支援があった。また、琉球大学酒井一人教授をはじめとする多くの研究者や学生諸君の協力を受けた。なお、出版にあたっては、近代科学社石井沙知さんに大変お世話になった。ここに、厚く御礼申し上げたい。

平成26年10月　日本橋にて
著者を代表して
池田駿介

環境保全・再生のための土砂栄養塩類動態の制御　目　次

刊行によせて……………iii
序　水環境と国土文化……v

## 1章 水・物質輸送の基礎

### 1.1 流域の水・物質輸送の基礎………………………………………2
(1) 流域の水循環・物質移動の概要 …………………………………2
(2) 地面の侵食……………………………………………………………2
(3) 土砂の輸送……………………………………………………………4
(4) 洗掘と堆積……………………………………………………………8

### 1.2 物質輸送・変換と栄養塩…………………………………………9
(1) 物質循環 ……………………………………………………………9
(2) 栄養塩の輸送と変換の概要 ………………………………………9
(3) 酸化還元電位 ………………………………………………………11
(4) 土砂輸送と栄養塩輸送 ……………………………………………11

### 1.3 水質……………………………………………………………………12
(1) DO、BOD、COD ……………………………………………………12
(2) 生活環境の保全に関する環境基準 ………………………………13
(3) 生物のための水質指標 ……………………………………………13
(4) 環境ホルモン ………………………………………………………15
(5) 安定同位体 …………………………………………………………15

## 2章 観測・分析・数値解析手法

### 2.1 観測手法………………………………………………………………20
(1) 面源における水・物質輸送の観測 ………………………………20
(2) 河川における水・物質輸送の観測 ………………………………24
(3) 沿岸域における水・物質輸送の観測 ……………………………27

## 2.2 分析手法 ……………………………………………… 32
(1) 有機物汚濁の指標 ……………………………………… 32
(2) 濁度、懸濁物質（SS） ………………………………… 32
(3) 栄養塩類（窒素、リン） ……………………………… 33
(4) クロロフィル …………………………………………… 33
(5) 安定同位体比 …………………………………………… 34

## 2.3 数値シミュレーション ……………………………… 35
(1) 物質動態モデルの種類と特徴 ………………………… 36
(2) 土壌侵食モデルの種類と特徴 ………………………… 37
(3) WEPP モデル …………………………………………… 39

# 3章 河道における土砂栄養塩類動態

## 3.1 河川の有機物・栄養塩動態と河川生態系の関係 ……… 52
(1) 水・物質動態から見た河川生態系の特徴 …………… 52
(2) 河川連続体仮説 ………………………………………… 52
(3) 洪水パルス仮説 ………………………………………… 54

## 3.2 河川の自浄作用 ……………………………………… 56
(1) 河川流下に伴う物質動態 ……………………………… 56
(2) 河川の自浄作用に関する古典的理論 ………………… 56
(3) 礫床河川における浄化作用の定式化 ………………… 58
(4) 河川の自濁作用 ………………………………………… 68

## 3.3 瀬と淵の流れ ………………………………………… 69
(1) 瀬と淵の流れ・地形的特徴 …………………………… 69
(2) 瀬と淵の環境機能 ……………………………………… 71
(3) 生息場適性評価 ………………………………………… 72

## 3.4 低水路と高水敷間の土砂・有機物・栄養塩類の交換機能と環境上の役割 … 73
(1) 洪水時の土砂・有機物・栄養塩輸送 ………………… 73
(2) 洪水による河川氾濫原の栄養塩環境の形成 ………… 74

- 3.5 河床藻類とその制御 …………………………………………………… 78
  - (1) 瀬と淵での付着藻類の増殖・剥離特性 ……………………… 78
  - (2) 土砂による付着藻類の強制剥離 ……………………………… 82
  - (3) ダム下流の付着藻類の制御 …………………………………… 84
- 3.6 水草・藻類による環境ホルモン制御 ………………………………… 86
  - (1) ファイトレメディエーション ………………………………… 86
  - (2) 実水路での環境ホルモン削減効果 …………………………… 88

## 4章 ダムの土砂栄養塩類の諸問題と解決策

- 4.1 ダム貯水池内の成層 …………………………………………………… 94
- 4.2 ダム湖内の土砂の挙動 ………………………………………………… 95
- 4.3 流砂・栄養塩類のマネジメント ……………………………………… 96
  - (1) 濁水 ……………………………………………………………… 96
  - (2) 堆砂対策 ………………………………………………………… 96
- 4.4 ダムにおける富栄養化 ………………………………………………… 97
  - (1) 富栄養化 ………………………………………………………… 97
  - (2) 解決策 …………………………………………………………… 97
- 4.5 流水型ダム ……………………………………………………………… 98

## 5章 河口マングローブの土砂栄養塩類動態

- 5.1 マングローブの役割 ………………………………………………… 104
- 5.2 マングローブ水域の特徴 …………………………………………… 104
  - (1) 河川内を浮遊するリターの潮汐変化 ……………………… 104
  - (2) 溶存態の有機物・栄養塩の潮汐変化 ……………………… 104
  - (3) 粒子態の有機物・栄養塩の潮汐変化 ……………………… 107
  - (4) 有機物・栄養塩のフラックス ……………………………… 108

5.3 河口マングローブでの出水時の土砂・有機物・栄養塩動態‥109
　（1）出水時の土砂・有機物・栄養塩濃度の変化‥‥‥‥‥‥109
　（2）河川・林内での浮遊砂濃度と土砂堆積厚‥‥‥‥‥‥‥111
5.4 河口マングローブにおける土砂栄養塩収支‥‥‥‥‥‥‥113
　（1）地下浸透流による栄養塩輸送‥‥‥‥‥‥‥‥‥‥‥‥113
　（2）クリークによる栄養塩輸送‥‥‥‥‥‥‥‥‥‥‥‥‥114
　（3）大潮・小潮時の栄養塩供給量‥‥‥‥‥‥‥‥‥‥‥‥114
　（4）出水時マングローブ水域での土砂収支と沿岸サンゴ礁域での土砂堆積‥115

# 6章　赤土流出とサンゴ礁の保全・再生

6.1 概要‥‥‥‥‥‥‥‥‥‥‥‥‥‥‥‥‥‥‥‥‥‥‥‥122
6.2 石垣島の赤土流出の現況‥‥‥‥‥‥‥‥‥‥‥‥‥‥‥124
　（1）河川における赤土流出の現況‥‥‥‥‥‥‥‥‥‥‥‥124
　（2）沿岸域における赤土流出の現況‥‥‥‥‥‥‥‥‥‥‥130
　（3）GeoWEPP を利用した土壌侵食・土砂流出量の広域評価‥133
6.3 石垣島名蔵湾のサンゴ礁の現状評価と将来予測‥‥‥‥‥135
　（1）サンゴとサンゴ礁‥‥‥‥‥‥‥‥‥‥‥‥‥‥‥‥‥135
　（2）日本のサンゴ礁‥‥‥‥‥‥‥‥‥‥‥‥‥‥‥‥‥‥137
　（3）サンゴの現状把握‥‥‥‥‥‥‥‥‥‥‥‥‥‥‥‥‥140
　（4）稚サンゴの加入と生残を指標としたサンゴ礁の評価法‥143
　（5）海水温上昇によるサンゴの白化予測‥‥‥‥‥‥‥‥‥152
　（6）名蔵湾のその後‥‥‥‥‥‥‥‥‥‥‥‥‥‥‥‥‥‥156
6.4 赤土流出抑制対策‥‥‥‥‥‥‥‥‥‥‥‥‥‥‥‥‥‥157
　（1）農地における土壌侵食抑制対策‥‥‥‥‥‥‥‥‥‥‥157
　（2）沈砂池による赤土流出抑制効果‥‥‥‥‥‥‥‥‥‥‥163
　（3）赤土流出抑制対策のまとめ‥‥‥‥‥‥‥‥‥‥‥‥‥164

# 7章 パラオ共和国の赤土流出とサンゴ礁

## 7.1 赤土流出の現況 ……………………………………… 170
(1) 熱帯雨林気候の土壌の特性 ……………………… 170
(2) 開発圧力と赤土流出 ……………………………… 172
(3) 土壌の化学的風化 ………………………………… 176
(4) サンゴ礁への赤土堆積 …………………………… 177
(5) 造成地でのガリ発生と赤土流出量の推定 ……… 179

## 7.2 観測と分析 …………………………………………… 183
(1) 観測の方法 ………………………………………… 183
(2) 赤土流出 …………………………………………… 186
(3) 造成地からの赤土流出量の推定 ………………… 188

## 7.3 赤土流出予防策 ……………………………………… 194
(1) 耕作地の周りのグリーンベルト ………………… 194
(2) 傾斜地の防護ネット・トレンチ・沈砂穴 ……… 196

## 7.4 赤土流出量から見た許容開発規模 ………………… 197
(1) 赤土流出抑制策を取らない開発行為の場合 …… 197
(2) 赤土流出抑制策を取る開発行為の場合 ………… 199

# 8章 環境保全への社会的取り組み

## 8.1 環境保全型社会実現への課題 ……………………… 204
(1) 石垣島での環境保全型農業 ……………………… 204
(2) 環境保全型営農を支援する基金制度 …………… 205

## 8.2 石垣島での環境保全型農業者支援システム ……… 206

## 8.3 石西礁湖サンゴ礁基金 ……………………………… 208

## 8.4 石西礁湖サンゴ礁基金による環境保全型農業の実践事例 ……210

**8.5 パラオ共和国の環境保全型観光産業の課題**……………212
　（1）パラオ共和国の観光の現状……………………………212
　（2）パラオ共和国における環境保護政策………………213
　（3）パラオ共和国における課題の整理……………………218

**8.6 エコ・ツーリズムと環境教育**……………………………219
　（1）パラオハイスクールでの環境教育……………………220
　（2）有識者ヒアリングから見た将来の展望………………222

　索引………229
　著者紹介…233

**コラム**

❶ サンゴの生息環境……………………………… 18
❷ 中高生向けの土壌侵食実験……………………… 50
❸ 河川の樹林化……………………………………… 92
❹ 置土……………………………………………… 102
❺ 名蔵アンパル…………………………………… 120
❻ 西表国立公園…………………………………… 168
❼ 心を和ませる路端の花々……………………… 202
❽ センスオブワンダー・エコツアー……………228

1章

# 水・物質輸送の基礎

# 1.1 流域の水・物質輸送の基礎

## （1）流域の水循環・物質移動の概要

　流域における水循環は、蒸発・降雨・流出という自然水循環と、人間が関わっている各種用水の利用・消費がもたらす人工水循環から成り立っている。人間活動の規模が小さい場合には水循環に与える影響は小さく、人間活動による水質汚染が生じても自然浄化の過程で水質の回復が可能であった。しかし、戦後、都市に人口が集中するにつれて、水道用水、工業用水、あるいは農業用水に対する需要が高まり、人工水循環が占める割合が増大した。また、社会が利用する様々な物質の飛躍的な増大が生じた。この結果、河川流水量の変化、地下水位の低下、水の流域間の移動、水質の悪化などが起こり、健全な水循環が失われていった。

## （2）地面の侵食

　地面の侵食 (erosion) は、化学的侵食作用と物理的侵食作用に大別される。化学的侵食は、水が異物質を溶解して除去するものであるが、これは一般には小さな値であり、侵食の大部分は物理的作用による。

　物理的侵食は、雨滴によるものと流水によるものに大別できる。雨滴による侵食は、雨滴が地面に衝突する場合の衝撃力によって土砂を飛散させることにより、地面から土砂を剥離させる。剥離した土砂には一般にシルトや粘土物質が含まれており、いったん浮遊して地面に沈殿すると土壌の孔隙をふさぎ、浸透能を低下させ、その結果表面流出を増加させることになる。また、浮遊した土砂は、雨水流によって輸送され、法面侵食を増加させる。雨滴侵食は衝撃力、すなわち雨滴の運動量変化によることから、降雨強度、雨滴の大きさ、落下速度、などの関数となる（石原 (1968a)、Vanoni (1977a)）。このことにより、地面の被覆状態の影響を大きく受け、植生などによる被覆がある場合には裸地の場合と比べて侵食量は大幅に減少する。

　流水による地面の侵食は、流水の掃流力 (tractive force) と土壌の侵食抵抗の関係で決まる。流水が平らな地面上で表面流となると、流れは薄層流 (thin laminar flow) となるが、この流れは一様な水深を取らず、不安定性に起因する転波列 (roll wave) を形成し、波前面の掃流力増大によって侵食が生じやすくなる（石原ら (1954)）。このような転波列は横断的に一様となることはなく、横断方向にも

不均一となって流れが集中する。流れが集中したところには流路が形成され、侵食はますます増大する（石原（1968b））。このようにして、地面に雨裂（rill、リル）が形成され、雨裂が下流に向かって集合するとガリ（gully）が生じる（図 1.1.1）。

図 1.1.1　裸地のガリ侵食（流れは下方から上に向かっている）

　土壌の侵食抵抗は土壌の特性に依存しており、土壌の種類や粘着性を有する微細物質の含有量などの因子に左右される（吉川（1985））。また、土壌の浸透能も侵食に大きな影響を与える。透水性が高い土壌では、地下浸透が多いため、表面流が生じにくく、表面侵食量は減少する。侵食量の推定には、米国農務省農業研究局で開発した USLE（Universal Soil Loss Equation）が大まかな侵食量の推定に用いられることが多いが、この詳細は 2 章で述べる。わが国では、斜面上の雨裂の流量から掃流力を計算し、流砂量式を用いて侵食量式が提案されている（Komura（1976））。芦田・澤井（1974）は、粘着性物質としてベントナイトを用いた実験や現地観測により、侵食速度は摩擦速度にほぼ比例して増大することを示している。既往の観測から、裸地斜面からの概略の侵食量 $E$ は、次式のように斜面勾配 $\sin\theta$ のほぼ 3 乗に比例して増大することが知られている（吉川（1985））。

$$E = a \cdot (\sin\theta)^3 \qquad (1.1.1)$$

　ここに、$a$ の値は最大で 200cm/y、最小で 5cm/y 程度の値を取る。

## (3) 土砂の輸送

流水の作用による土砂輸送（sediment transport）はその輸送形態により2つに大別できる。土砂が移動する限界状態の掃流力を限界掃流力（critical tractive force）と呼び、流体力と土砂の静止摩擦力が釣り合う条件から求められる（池田（1999））。限界掃流力は、シールズ（Shields）応力と呼ばれる無次元掃流力

$$\tau_* = \frac{\rho u_*^2}{(\rho_s - \rho)gd} \tag{1.1.2}$$

によって表現され、図1.1.2のような曲線を取る。

ここに、$\rho$は水の密度、$\rho_s$は土砂の密度、$d$は土砂の粒径、$u_*$は摩擦速度である。無次元限界掃流力$\tau_{*c}$は粒子レイノルズ数$Re_*$の関数となり、$Re_*$が10～20付近で最小値となるような曲線となるが、これは粘性底層（viscous sublayer）の存在によることが理論的に示されている（池田（1999））。野外では無次元限界掃流力$\tau_{*c}$は、粒子レイノルズ数が十分大きい領域での値、0.03～0.05程度と考えればよい。土砂が混合粒径の場合には、遮蔽効果などにより粒径によって限界掃流力の値が異なってくる。これらについては、エギアザロフ（Egiazaroff）の式（池田（1999））などが知られている。

土砂が移動を始めると、まず掃流砂（bed load）と呼ばれる輸送形態が現れる。掃流砂は、河床近傍を転動、滑動、跳躍などによって輸送される形態である。この輸送量は、やはり粒子レイノルズ数の関数として表され、図1.1.3のような関数形を取る。従来数多くの研究が行われてきたが、単位幅あたりの掃流砂量$q_B$を野外で精度よく予測することは困難である。

掃流力が増大すると、土砂は浮遊形態（suspension）で輸送される。浮遊は、流れが持つ乱れ（turbulence）によるものであり、いわゆる拡散現象である。平衡状態にある浮遊砂の鉛直方向濃度分布は、乱れの拡散率と土砂の沈降速度がバランスすることにより決定される。つまり、拡散方程式

$$\frac{\partial}{\partial z}\left(K_z \frac{\partial c}{\partial z}\right) + w_s \frac{\partial c}{\partial z} = 0 \tag{1.1.3}$$

によって決定される。ここに、$c$は土砂濃度、$K_z$は、浮遊砂の乱流拡散係数、$w_s$は土砂粒子の沈降速度である。この方程式は、ラウス（Rouse）（Vanoni（1977b））

1.1 流域の水・物質輸送の基礎

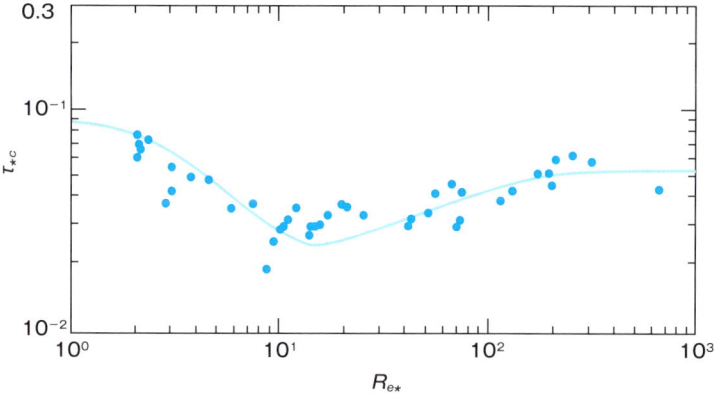

図 1.1.2 限界掃流力曲線

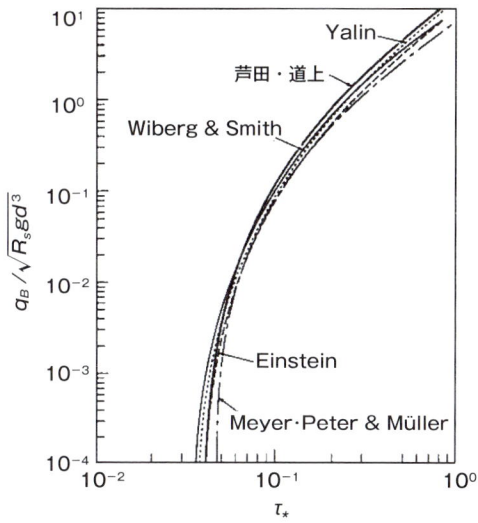

図 1.1.3 掃流砂量

によって取り扱われ、下記のような分布式が得られている。

$$\frac{c}{c_a} = \left(\frac{h-z}{z}\frac{a}{h-a}\right)^Z \tag{1.1.4}$$

ここに、$c_a$ は底面付近の土砂濃度、$h$ は水深、$a$ は濃度 $c_a$ を与える基準面高さ、$Z$ は

$$Z = \frac{w_s}{\beta \chi u_*} \tag{1.1.5}$$

で表され、$\chi$ はカルマン（Karman）定数（= 0.4）、$\beta$ は乱流シュミット（Schmidt）数の逆数であり、1.2 程度の値を取る。図 1.1.4 は、式 1.1.4 と測定値の比較を示している。

ラウスが得た式は分布を表すのみであり、絶対値を知るには底面濃度 $c_a$ を見積もる必要があるが、移動床では河床波が形成されたり、常流・射流の区別があ

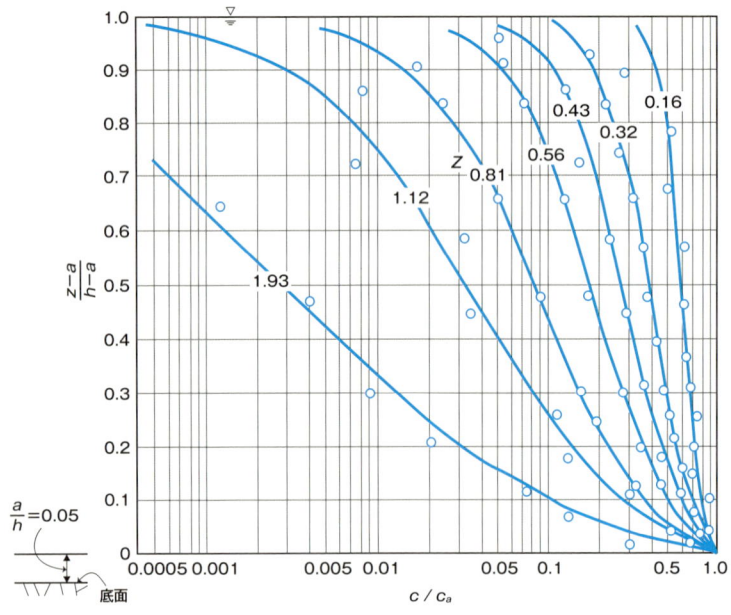

図 1.1.4　$Z$ の値の違いによる濃度分布の変化（Vanoni (1977b)）

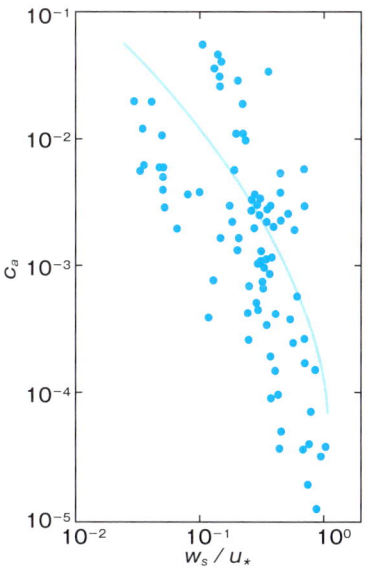

図 1.1.5　底面濃度

るなど複雑であるためにばらつきが生じる。図1.1.5は、底面濃度を$w_s/u_*$の関数として表したものである（泉・池田（1991））。流れ全体の浮遊砂量$q_s$は、河川の流量$Q$と相関がよく、$Q^2$に比例して増大することが観測により知られている。

$$q_s = \alpha Q^2 \qquad (1.1.6)$$

ここに、$\alpha$は経験値である。

　粘土やシルトのような非常に細かい土粒子は、沈降速度が非常に小さく、またブラウン（Brown）運動の影響を受けるためにほとんど沈降しない。このような細かい土粒子は、断層地帯、温泉余土、河岸侵食などから供給されることから、流れの水理量と直接結びつかないことが多く、その輸送土砂量を予測することは困難である。しかし、後述するように、粒子態リンなどの栄養塩類は細かい土砂に吸着して輸送されることが多いので、物質輸送の観点からは重要な輸送形態である。このような微細土粒子が貯水池内に流入すると、濁水問題を引き起こす。また、湖底に沈殿した土粒子に吸着した栄養塩類は、貧酸素の状況下で溶出し、貯水池の富栄養化を引き起こす。

## （4）洗掘と堆積

河川中流部になると、河道は平衡系としての蛇行河道、網状河道を形成するようになる。このような河道形状の特徴は、洗掘（erosion）と堆積（deposition）が交互に発生することである。例えば、蛇行河道では、凹岸部付近の側岸・河床では侵食や洗掘が生じるのに対し、凸岸部では土砂の堆積が生じる。このような場所での浮遊砂の堆積速度は、洗掘速度 $E$ と堆積速度 $D$ の差によって決まる。泉・池田 (1991) によれば、$E$ と $D$ はそれぞれ以下のように表される。

$$E = 0.001\tau_*^2 R_f^{-2} w_s \tag{1.1.7}$$

$$D = \frac{w_s^2}{K_z}\zeta, \quad \zeta = \int_0^h c\,dz \tag{1.1.8}$$

ここに、$R_f$ は $w_s/(R_s gd)^{1/2}$、$R_s = (\rho_s - \rho)/\rho$ である。

シルトや粘土のような非常に細かい土粒子はウォッシュ・ロード（wash load）として輸送され、流水中では流れの乱れの作用によって沈降しない。また、静水中においても細かい土粒子は＋に帯電しており、お互いに反発し、また水粒子のブラウン運動の影響を受けてほとんど沈降しない。しかし、河口部付近に達すると、海水の影響を受けて電荷がなくなり、フロッキュレーションを起こしてお互いが吸着して大きな粒子塊となって沈降する。マングローブ林内では、このような沈降・堆積が活発に起こり、付着している栄養塩類が植物などに吸収されて豊かな生態系を生み出す（図 1.1.6）。

図 1.1.6　マングローブ林内の土砂堆積

## 1.2 物質輸送・変換と栄養塩

### (1) 物質循環

　生物を構成する主要な元素である炭素 (C) や、植物を中心とする一次生産のための窒素 (N) やリン (P) は、地球という閉じた系ではその量は一定であるが、これらの物質は時間、場所、形態などを変えながら循環している。

　炭素が引き起こす環境上の問題は、例えば有機物による水域の汚濁があり、従来水域の水質悪化の大きな原因となっていた。わが国では、水質浄化に大きな努力が払われ、閉鎖性水域を除いて水質の改善が顕著である。現在、地球上で人類の未来を脅かすほど大きな問題となっているのは、地殻に閉じ込められていた炭素が化石燃料としてエネルギー源に用いられて循環系に入ることにより大気圏の炭酸ガス ($CO_2$) が増加し、地球温暖化を引き起こしていることである。大気中の炭酸ガスは、産業革命以前の約 280ppm から現在では 400ppm 近くに達しており、地球温暖化はこれらのガスが地球表面から宇宙に向かって放射される赤外放射を効果的に捕捉し、大気の温度が上昇することにより生じる。

　窒素は大気の約 3/4 を占めていることから、大気が巨大な貯蔵庫となっている。しかし、窒素は基本的に安定であり、固定の困難さから、従来農業においては常に窒素不足であった。そのため、戦後まもなくまで、わが国では人間の排泄物が回収され、農作物成育に用いられることにより窒素の自然循環系が成立していた。しかし、化学工業の発達により窒素が簡単に固定されるようになり、化学肥料が大量に用いられることにより、これらが自然界に流出して地下水も含めて窒素汚染ともいうべき事態が生じている。

　リンの主たる供給源は、長期間にわたる鳥類の活動が形成したリン鉱石である。これが化学肥料として、やはり農業などに用いられて水域に流出し、富栄養化を引き起こしている。しかし、リンは資源として限られており、将来は不足する可能性が指摘されている。

### (2) 栄養塩の輸送と変換の概要

　生物にとって多量必須元素である窒素とリンは、どちらも周期律表 5A に属する同族元素であるが、自然環境中における存在形態や循環には大きな違いがある。窒素は酸化数が－3（アンモニア）から＋5（硝酸）まで多様に変化するが、リ

ンはほとんどが酸化数＋5（リン酸）として存在するため、窒素が多様な化学種を持つのに対して、リンの化学種としての多様性は小さい。また、窒素は脱窒や窒素固定を通じて大気と交換するが、リンは鳥の採餌・排泄を介した移動などを除けば基本的には大気を循環しない。したがって比較的単純な形態的変化で陸域と水域内に閉じた輸送経路を持つリンに対して、窒素は複雑な反応過程、多様な物質形態を持ち、大気も含めて広範囲に循環する。

窒素循環は、酸化過程（硝化）か還元過程（脱窒）かによって異なる。窒素含有有機物の分解によって生じるアンモニア態窒素（$NH_4$-N）は、好気的条件下でアンモニア酸化により亜硝酸態窒素（$NO_2$-N）に変換する。さらに酸化が進むと硝酸態窒素（$NO_3$-N）となり、硝酸態窒素は光合成の作用を経て植物に吸収される。一方、無酸素の還元状態では硝酸態窒素は亜硝酸態に硝酸還元され、亜硝酸態窒素は亜硝酸還元（脱窒）作用により$N_2O$に変換され、さらに還元作用によって$N_2$となって大気へ放出される。アンモニア態窒素は、光合成によって植物に、アンモニア酸化によって$NO_2$-Nや$N_2O$に変換することも可能である。図1.2.1はこれらの変換過程の模式図を示している。循環系の中で酸化過程、還元過程のいずれが生じるかは、地表水、伏流水、土壌、農地、底質といった対象とする場の好気・嫌気状況、pH、有機物量などの環境条件によって異なっている。

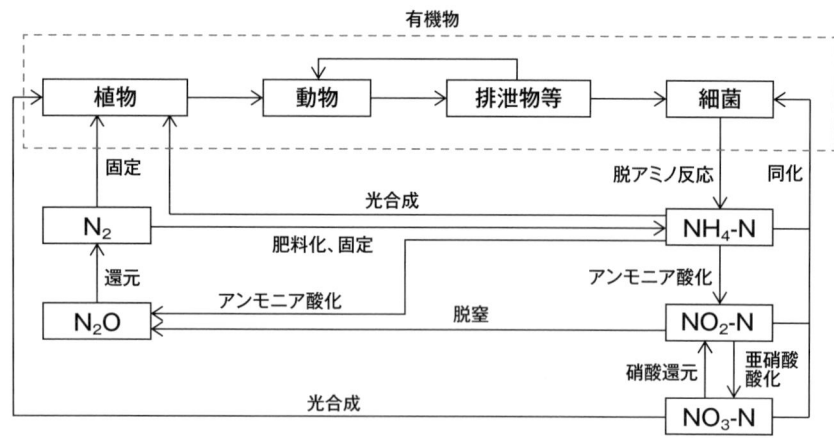

図1.2.1　窒素の循環過程

## (3) 酸化還元電位

酸化反応が生じるか、還元反応が生じるかは、微生物が代謝のために利用できる化学エネルギー源によっており、$O_2$ を最終の電子受容体とする場合は好気呼吸、$NO_3^-$、$NO_2^-$、$CO_2$ などを受容体とする場合は嫌気呼吸となる。例えば、アンモニア酸化は好気呼吸、亜硝酸還元は嫌気呼吸である。好気呼吸、嫌気呼吸のどちらが生じやすいかは、酸化還元電位（Oxidation-Reduction Potential、ORP）と呼ばれる反応系における電子のやり取りの際に発生する電位によって決定され、ORP の値が大きいほど好気的であり、ORP が小さいと嫌気的である。メタン菌、硝化細菌、脱窒菌、硫酸還元菌などは嫌気呼吸を行う微生物であり、低い酸化還元電位を要求する。

## (4) 土砂輸送と栄養塩輸送

水中の有機物や栄養塩はその大きさにより溶存態（<0.45 〜 1μm）と粒子態（>0.45 〜 1μm）に分けられる。溶存態の栄養塩濃度については、洪水期間中に変化するものの、その変動範囲はせいぜい1オーダーレベルであるのに対して、粒子態の栄養塩濃度は、洪水期間中に100倍、1,000倍といった範囲で変化する。洪水期間中の粒子態栄養塩濃度は、懸濁態物質濃度（Suspended Solid Concentration、SS 濃度）と相関が高いことが知られており（図 1.2.2）、洪水時には懸

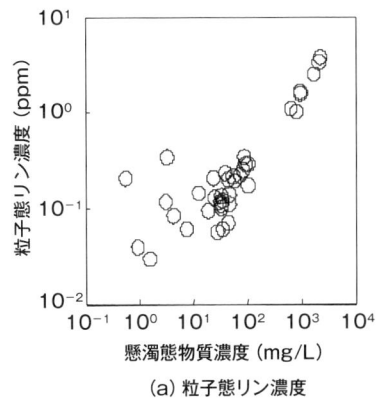
(a) 粒子態リン濃度

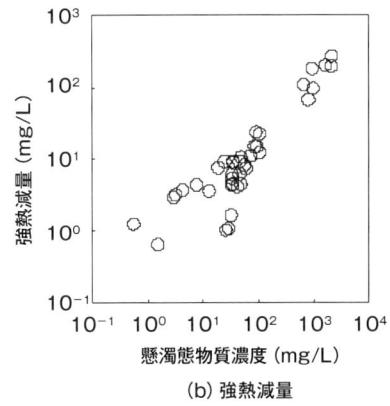
(b) 強熱減量

図 1.2.2 懸濁態物質濃度と(a) 粒子態栄養塩、(b) 有機物濃度の相関関係
（多摩川での実測例　（戸田ら（2000））、強熱減量は粒子態有機物量を表す指標）

濁態物質とともに粒子態有機物、栄養塩が輸送されている。特にリンは化学的吸着力が強いため、懸濁態物質表面に吸着して洪水期間中に大量に輸送される。懸濁態物質の粒径に着目した負荷特性（児玉ら（2004））や洪水期間中の懸濁態物質中の栄養塩組成の変化（Pilailar et al.（2004））などについても調査が行われ、懸濁態物質の物理的性質（サイズ）と栄養塩負荷の関係について実証的知見が蓄積されつつある。また、濁度と懸濁態物質濃度、粒子態栄養塩濃度を同時に計測し、濁度から洪水時の栄養塩負荷量を推定する試みがなされている。濁度の計測は懸濁態物質濃度や粒子態栄養塩濃度の計測に比べ格段に容易であり、時空間的に密なデータを得ることができるため、流域スケールでの栄養塩動態の解明や、洪水時の河川からの物質負荷を評価するのに極めて有用である。ただし、濁度と懸濁態物質濃度、粒子態栄養塩濃度の相関関係は、基本的には各流域の土砂栄養塩の生産源の特性などによるため、負荷量推定式はそれぞれの河川毎に作成しなくてはならない点に注意を払う必要がある。

## 1.3 水質

### (1) DO、BOD、COD

溶存酸素（Dissolved Oxygen、DO）は、水質の重要な指標である。酸素は大気中から水中に取り込まれたり（再曝気）、河床に生育する水中植物の光合成作用などにより供給される。河川上流部では、光合成が盛んな日中には過飽和状態になることもある。一方、生物の活動によって供給される有機物が多い場合には、酸素はその酸化に用いられ、DO濃度は低下する。貯水池では夏季に安定な温度成層（thermocline）が形成され、流れの乱れが小さくなることにより拡散能が低下し、酸素が水中に供給されなくなって下層ではDO濃度が低下する。また、河川下流部では、塩水くさび（salt-water wedge）の進入により躍層が形成され、同様に河床付近ではDO濃度が低下する。

DOの低下は、魚類のような生物の生息そのものに直接的に影響を与えるのみならず、貯水池などの底泥には有機態物質よりも無機態物質が多いためにDOが低下して嫌気状態になると還元作用が生じ、土砂に吸着したり、鉄などと結合していたリンや重金属が水中に溶出し、水質上問題を起こす場合がある。

生物化学的酸素要求量（Biochemical Oxygen Demand、BOD）も、汚濁の指標として用いられる。BODは、河川のような流水中に含まれている有機物が微生物によって分解される場合に消費される酸素の量であり、BODが高いほど有機物の量が多く、汚濁が進んでいる。

一方、有機物を化学的に酸化させ、それに要する酸化剤の量で表したのが、化学的酸素要求量（Chemical Oxygen Demand、COD）である。この酸化剤として過マンガン酸カリウムが用いられる。わが国では、河川のような流水に対してはBODが、貯水池のような閉鎖性水域の水質判定にはCODが用いられる。

## （2）生活環境の保全に関する環境基準

人間活動に関わる生活環境の保全に関する水質基準がある。基準値は、河川に対して水素イオン濃度（pH）、BOD、SS、DOおよび大腸菌群数について定められている。これらに対して、利用目的として水道、水産、工業、農業の各用水および自然環境保全、水浴への適合性の基準として6段階（AA、A、B、C、D、E）の値が設定されている。湖沼については、先に述べたようにBODの代わりにCODが用いられ、4段階（AA、A、B、C）の基準が設定されている（天然湖沼および1千万$m^3$以上の人工湖）。これらの一覧を表1.3.1に示す（環境省）。わが国では、河川や湖沼において基準点が決められ、環境（水質）基準が定められている。かつては、水域の汚濁が進んで環境基準が守れない場合が多かったが、最近では関係官公庁や民間の努力により水質は改善されている。そのためにかつて定められた基準よりも水質がよくなり、見直しによって基準が引き上げられることもある。また、類型Eの基準点は、水質の改善により、わが国では現在ほとんど見られない状況になっている。

## （3）生物のための水質指標

これまでわが国の環境基準は、人の健康の保護、生活環境の保全、工業・農業用水あるいは内水面漁業という生産に関連して定められていた。しかし、2000年に策定された環境基本計画では、様々な化学物質による水生生物への影響にも留意して対策の推進が必要であることがうたわれた。現在では、亜鉛が環境基準項目に指定され、要監視項目としてクロロホルム、フェノール、ホルムアルデヒドが指定されている。

表 1.3.1 生活環境の保全に関する環境基準　河川（湖沼を除く）(環境省)

| 項目 類型 | 利用目的の適応性 | 水素イオン濃度 (pH) | 生物化学的酸素要求量 (BOD) | 浮遊物質量 (SS) | 溶存酸素量 (DO) | 大腸菌群数 |
|---|---|---|---|---|---|---|
| AA | 水道1級 自然環境保全 およびA以下の欄に掲げるもの | 6.5 以上 8.5 以下 | 1 mg/L 以下 | 25mg/L 以下 | 7.5mg/L 以上 | 50MPN/100mL 以下 |
| A | 水道2級 水産1級 水浴 およびB以下の欄に掲げるもの | 6.5 以上 8.5 以下 | 2 mg/L 以下 | 25mg/L 以下 | 7.5mg/L 以上 | 1,000MPN/100mL 以下 |
| B | 水道3級 水産2級 およびC以下の欄に掲げるもの | 6.5 以上 8.5 以下 | 3 mg/L 以下 | 25mg/L 以下 | 5 mg/L 以上 | 5,000MPN/100mL 以下 |
| C | 水産3級 工業用水1級 およびD以下の欄に掲げるもの | 6.5 以上 8.5 以下 | 5 mg/L 以下 | 50mg/L 以下 | 5 mg/L 以上 | — |
| D | 工業用水2級 農業用水 およびEの欄に掲げるもの | 6.0 以上 8.5 以下 | 8 mg/L 以下 | 100mg/L 以下 | 2 mg/L 以上 | — |
| E | 工業用水3級 環境保全 | 6.0 以上 8.5 以下 | 10mg/L 以下 | ごみ等の浮遊が認められないこと | 2 mg/L 以上 | — |

　魚類の分布という観点から見れば、東北日本ではサケ・マス、西南日本ではアユという分類ができるが、この基準では淡水域の類型として、A：イワナ・サケマス域、B：コイ・フナ域に分類されている。これは、河川流域を考えた場合に上下流では、それぞれ冷水域と温水域が存在し得ることによる。魚類などにおけるこれらの物質の毒性の発現は、死亡、麻酔作用、呼吸不全作用などを起こすことが知られている。

## (4) 環境ホルモン

　近年、多種多様な化学物質の開発と使用により、それらが水環境中に排出されて新たな環境汚染を生み出している。その汚染の一つが、内分泌撹乱物質（いわゆる環境ホルモン）であり、EDCs（Endocrine Disrupting Chemicals）と略称されている。環境ホルモンと呼ばれる理由は、EDCs が女性ホルモン受容体と結合することにより、あたかも女性ホルモンのような作用をしたり、男性ホルモン受容体と結合して男性ホルモンの作用を阻害するためである。EDCs に対するわが国の取り組みとしては、1998 年に環境庁が環境ホルモン作用を有する物質として 67 の化学物質を挙げ、これまでの研究によりノニルフェノール、4 オクチルフェノールおよびビスフェノール A の 3 化学物質が、魚類に対して内分泌撹乱作用を有することが知られている。

## (5) 安定同位体

　安定同位体は、同じ陽子数を持つ同位体元素のうち、放射性崩壊をしないものの総称であり、水素、酸素、炭素、窒素、硫黄、塩素などに存在し、中性子数の違いにより質量数が異なることにより化学的・物理的反応に違いが生じる（同位体効果）。各元素の同位対比は、同位体効果によって現在までの化学的・物理的履歴に応じて変化する（同位体分別）。このことから、ある物質の同位対比を調べることにより、その物質の起源を特定することが可能となる。各元素の標準的同位体比は表 1.3.2、表 1.3.3 に示されている通りである（酒井・松久（1996））。

表 1.3.2　元素の同位体組成

| 元素 | 炭素 | 窒素 | 酸素 |
|---|---|---|---|
| 同位体組成<br>(％) | $^{12}C$ 98.89<br>$^{13}C$ 1.11 | $^{14}N$ 99.63<br>$^{15}N$ 0.37 | $^{16}O$ 99.763<br>$^{17}O$ 0.037<br>$^{18}O$ 0.200 |

表 1.3.3　元素の標準試料

| 元素 | 標準試料 | 試料内容 |
|---|---|---|
| 炭素 | PDB | 箭石化石（炭酸カルシウム） |
| 窒素 | 大気窒素 |  |
| 酸素 | SMOW | 標準平均海水 |

先述の同位体効果により、物質の同位体比は表 1.3.2 に示した値からわずかに変化する。このわずかな違いを表現するために、式 1.3.1 で定義される標準試料の安定同位体比に対する千分率偏差 $\delta$ によって表される。例えば、炭素であれば以下のようになる。

$$R^C = \frac{^{13}C}{^{12}C} \tag{1.3.1}$$

$$\delta^{13}C \equiv \left(\frac{R^C_X}{R^C_S} - 1\right) \times 1000[‰] \tag{1.3.2}$$

ここに、添え字 $X$ と $S$ はそれぞれ未知試料と同位体比既知の標準試料を表す。他の元素に対しても同様の式が定義される。

**参考文献**

Komura, S.: Hydraulics of slope erosion by overland flow, HY10, *Proc. ASCE*, 1976.

Pilailar, S., Sakamaki, T., Hara, Y., Izumi, N., Tanaka, H. and Nihimura, O.: Effects of hydrologic fluctuations on the transport of fine particulate organic matter in the Nanakita river，水工学論文集，第48巻，pp.1519-1524, 2004.

Vanoni, V.A.(Editor): *Sedimentation Engineering*, pp.445-447, ASCE, 1977a.

Vanoni, V.A.(Editor): *Sedimentation Engineering*, pp.72-77, ASCE, 1977b.

芦田和男、澤井健二：粘土分を含有する砂れき床の侵食と流砂機構に関する研究、京都大学防災研究所年報、17B、pp.571-584、1974.

池田駿介：『詳述水理学』、pp.373-377、技報堂、1999.

石原藤一郎編：『応用水理学I』、pp.95-97、丸善、1968a.

石原藤一郎編：『応用水理学I』、pp.103-105、丸善、1968b.

石原藤次郎、岩垣雄一郎、岩佐義明：急斜面上の層流における転波列の理論、土木学会論文集、19号、pp.46-57、1954.

泉　典洋、池田駿介：直線砂床河川の安定横断河床形状、土木学会論文集、429号、pp.57-66、1991.

環境省：生活環境の保全に関する環境基準・河川（湖沼を除く）.

吉川秀夫（編著）：『流砂の水理学』、pp.348-349、丸善、1985.

楠田哲也編著：『自然の浄化機構強化と制御』、技報堂出版、1994.

児玉真史、田中勝久、澤田知希、都築　基、柳澤豊重：河川水中におけるコロイドリンの動態、水工学論文集、第48巻、pp.1513-1518、2004.

酒井　均、松久幸敬：『安定同位体地球科学』、p.5、東京大学出版会、1996.

戸田祐嗣、池田駿介、熊谷兼太郎：洪水流による礫床河川高水敷土壌および植生の変化に関する現地観測、水工学論文集、第44巻、pp.831-836、2000.

## コラム1

## サンゴの生息環境

　陸域からの土砂栄養塩類流出は、河川を通じて海域に影響を与える。特にこの本で取り上げた沖縄県石垣島やパラオ諸島では、海域にサンゴが生育しており、その生息環境への影響は甚大である。写真は、石垣島名蔵湾における赤土堆積とサンゴの状況を示している。上流のサトウキビやパインアップル畑から生産された細かい赤土は、河川を通じて海岸に運ばれ、名蔵湾に沿って堆積している。そこに生きているサンゴは大きな影響を受けており、石垣島と西表島の間に広がる石西礁湖のサンゴと比べると明らかに衰退・減少している。右の写真に示すように、名蔵湾には石西礁湖からサンゴの卵が流れ着き、着床して成長することもあるが、土砂堆積や細かい粒子に付着する栄養塩類が海藻類を繁茂させ、海藻類との生存競争に負けて消滅することが多い（第6章）。これらのサンゴが復活するよう、陸域の水・土砂栄養塩類環境を改善することが強く求められている。（池田駿介）

海岸線に沿う赤土の堆積

堆積と富栄養化によるサンゴの減少

# 2章 観測・分析・数値解析手法

2章　観測・分析・数値解析手法

## 2.1　観測手法

　流域から流出する水や土砂等の物質は、森林や農地等の面源における土壌侵食によって生産され、水路および沈砂池などの流路において運搬される。さらに、流域から流出した物質は沿岸域へ流入する。流域スケールにおける水や物質の輸送を定量的に把握し、適切な流域管理計画を検討するためには、流域内の面源における土壌侵食をはじめとする水や物質の輸送過程、および水路（河川）や沈砂池における物質の運搬、堆積、再懸濁過程の評価が必要となる。また、陸域から流れ込む物質が及ぼす海域への影響を把握するためには、沿岸域における物質の動態の評価もまた必要となる。本節では、面源、小河川、そして沿岸域における水や物質の輸送過程を観測する手法を紹介する。

### （1）面源における水・物質輸送の観測

　面源における侵食や物質の流出に関する観測は、以下の3つの点に留意するべきである。

①観測を行う面源の規模はその地域において平均的な大きさで、農地であったら実際に営農されている圃場を選定する。

②可能な限り短い観測時間間隔を設定する。

③農地であったら作物の栽培周期、森林であったら通年を通した観測期間を設定する。

　留意すべき点の①に関して、代表的な土壌侵食の算定式であるUSLE（Universal Soil Loss Equation）の開発に伴う観測などの多くの事例において、傾斜試験枠（the unit plot）を用いることが多い（図2.1.1）。傾斜試験枠の斜面長はUSLEで規定されているもので72.6ft（約22m）であり、実際の圃場より小さい。斜面長が大きくなるほど、下流端での流量や流速は大きくなり、多くの土壌が流亡する。斜面幅の境界に畦や畝を利用できない場合には、波板などを用いて区切るようにする。実際の畑地における試験区の設置例を図2.1.2に示す。斜面長約80m、傾斜約3%、斜面幅約3mのサトウキビ畑である。試験地は外部からの雨水の侵入がない場所、下流端の排水が速やかである場所、傾斜が一様でくぼ地がない場所などに注意して選定する。

　留意すべき点の②で挙げたが、面源における水や物質の流出量の経時変化

2.1 観測手法

図2.1.1 傾斜試験枠(沖縄県石垣市)

図2.1.2 実際の農地における試験地(沖縄県石垣市)

は、集水面積が小さいほど降雨に対応する変化が非常に大きいため、観測時間間隔を可能な限り短く取ることが望ましい。

　面源からの物質の流出量は、ある時刻の水の流量と流出水に含まれる物質の濃度の積を取り、流出開始から終了までのその和を取ることによって求めることができる。降水量は転倒枡式雨量計を用いて計測されることが多く、降雨の規模の把握や水収支の確認に用いられる。流量は排水路などの高低差が利用できる場合には、三角堰などの堰を用いて水位から流量に換算することができる。一

方、計測部の高低差が取れない場合には、パーシャルフリュームなどの測定装置が用いられ、同じく水位から流量に換算することができる（図 2.1.2）。計測する水位はミリメートル程度の精度が必要になるため、圧力式の水位計ではなく、フロート式等の精密な水位計が適している。他に、大型の転倒枡を用いた流量測定もある（図 2.1.1）。堰やフリュームは流量の計測範囲によって大きさを決めなければならないので、予め試験区の面積や降水量などから想定する必要がある。例えば、図 2.1.2 のパーシャルフリュームは「3 インチ型」と呼ばれているもので、0.85 〜 33.93 L/s まで測定可能である（狩野 (1960)）。

　流出する物質の濃度を測定するには、光学式濁度計や水質測定用のセンサーを設置して計測する方法と採水によって得られた水試料を室内分析によって測定する方法がある。前者は、内蔵または外付けの電源と記録計（データロガー）を必要とするが、不定期に発生する降雨に伴う流出をとらえるのに有用である。後者は、手採水や自動採水によって採取され、回収後、室内分析によって濃度を計測する。得られた濃度はセンサーのキャリブレーションにも利用される。特に、濁度などの光学式センサーはカオリンやホルマジン等の粘土で検定されているものが多いため、濁質の粒度によって濁度と懸濁物質濃度（SS 濃度）の関係が著しく変わる（勝山 (2002)）。そのため、センサーを用いた計測と採水を併用すべきである。

　留意すべき点の③に関しては、観測を長期間継続することによって、作物の生長や耕起などの営農作業に伴う物質の流出量の変化が把握可能となる。しかしながら、長期連続観測を行うことは、機器のバッテリやメモリーなどの制約があるので難しい。そのため、ソーラーパネルや携帯電話回線等の通信機器を利用した自動観測システムが構築されることが多くなっている（図 2.1.2、図 2.1.3）。図に示した例では、自動採水された試料の回収以外の作業を無人で連続的に運用することが可能である。また、プログラムによる制御可能なデータロガーを用いることによって、計測値を用いた自動採水機の制御やインターネット回線を用いたデータの取得、計測プログラムの改変、データ公開等が可能である。

　雨水や物質の流出に影響する因子として、土壌水分、土壌の透水性、粒度、施肥量、植被率などの多くの項目がある。土壌水分は表面流の発生や作物の生育に関する重要な項目であり、TDR（Time Domain Reflectrometry）型のセンサーなどを用いて計測することが多い。なお、土壌水分センサーは土性によって応答が異

2.1 観測手法

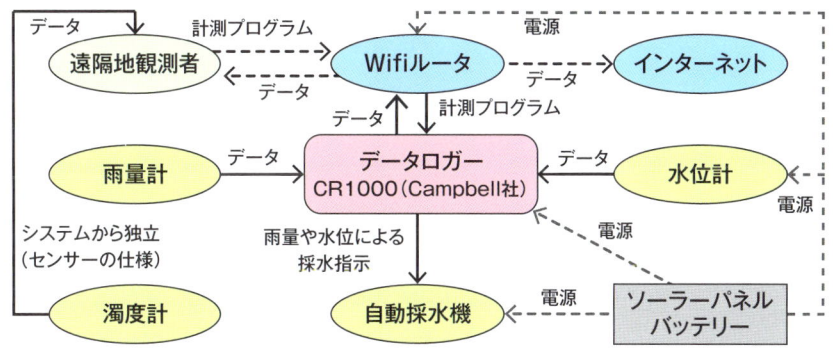

図 2.1.3　自動観測システムの構築例

図 2.1.4　植被率測定のための空中写真（左）と解析後画像（右）

なるので、現地土壌を用いたキャリブレーションが必須である。土壌の透水性（permeability）を評価するためには、飽和透水係数が測定されることが多い。不かく乱土壌試料を採取した後に実験室において変水頭法や定水頭法で測定する（宮崎・西村（2011））。粒度は土壌の受食性（erodibility）や透水性等の土壌の物理性に影響する基礎的な要素であり、現地土壌のかく乱試料を用いて比重計法やピペット法で分析する（宮崎・西村（2011））。近年では、レーザー光の散乱を利用した分析器が開発・利用されており、短時間で分析できるようになってきている。植被率（canopy cover）は雨滴侵食（raindrop erosion）に影響する因子であり、植物の成長に伴い変化する。上空から撮影した写真を画像解析することによって求めることが多い（図 2.1.4）。

## （2）河川における水・物質輸送の観測

河川における物質輸送の観測において留意すべき点として下記の3点がある。
① 観測地点の選定
② 流量の測定方法
③ 物質濃度の測定方法

留意すべき点の①に関して、観測地点の選定には、地点上流の集水面積、水深、川幅、底質、直線性などを考慮する必要がある。集水面積は想定される流量の見積もりのために必要であり、基本的には地形図から求める。近年ではDEM（Digital Elevation Map）とGIS（Geographic Information System）の併用によって自動計算することも可能である。水深や川幅は各種センサーの位置を決定するために必要な要素であり、水深が浅すぎるとセンサーが露出してしまい、深すぎると設置や保守作業が困難になる。また、川幅が広い場合には、物質の横断方向の濃度変化が顕著になる恐れがある。底質が大礫の場合にはセンサーの固定のための杭が打ち込み困難になり、砂質の場合にはセンサーが流砂によって埋没する恐れがある。観測する河川断面を決定する際、2次流の影響をできるだけ小さくするため、上下流の流れができるだけ直線的であることが望ましい。

留意すべき点の②に関して、流量は水深の測定から得られる通水断面積と断面平均流速の積によって求められる。水深は河川水中に設置する圧力式水位計や水面上空に設置する超音波式水位計などのセンサーがあるが、圧力式水位計が一般的である。流速は浮子を用いる簡易的な方法と流速計（プロペラ式、電磁式、超音波式（Acoustic Doppler Current Profiler、ADCP）など）を用いる方法があり、用途や河川の大きさなどから選定する。プロペラ流速計や1次元電磁流速計（流下方向）は簡易的、単発的に用いられるのに対し、2次元電磁流速計（流下＋横断方向）は可動部がなく固定して用いるため長期連続計測が可能である（図2.1.5）。水深が大きい河川や川幅が広い河川では、鉛直または横断方向の流速分布を計測するために、超音波流速計が用いられる。小型ボートの底面に設置し、横断方向に移動しながら計測すれば、流速の鉛直・横断分布が計測できる。鉛直方向の流速分布を計測できない場合には、1点法や2点法などによる簡便法や対数速度分布を用いる方法などによって断面平均流速を推定する。なお、1点法は水面から60％の深さの流速を平均流速とする方法、2点法は水面から20％、80％の深さの流速の平均値を平均流速とする方法である。また、幅が広い粗面開水路

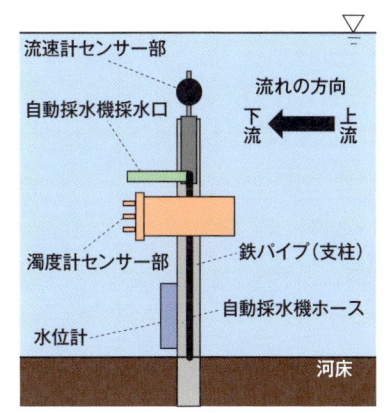

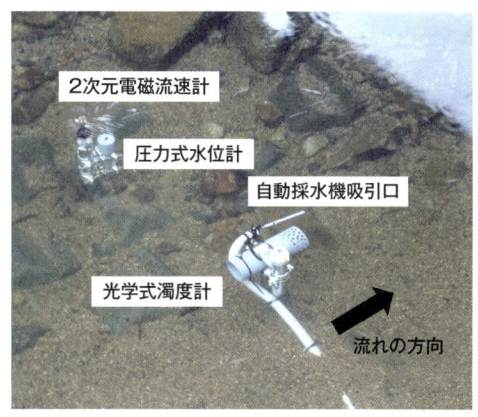

図 2.1.5　河川における水深，流速，濁度を計測する機器の設置例

について対数速度分布は

$$\frac{u}{u_*} = \frac{1}{\chi} \ln \frac{z}{k_s} + A_r \qquad (2.1.1)$$

で表される（池田（1999））。ここに、$u$ は流速、$\chi$ はカルマン定数、$z$ は底面からの高さ、$k_s$ は粗度、$A_r$ は定数（=8.5）である。この式（2.1.1）を $z=0$ から $h$（水面）まで積分し、$h$ で除し水深平均流速 $U$ を用いると

$$U = \left(A_r - \frac{1}{\chi} + \frac{1}{\chi} \ln \frac{h}{k_s}\right) u_* \qquad (2.1.2)$$

となる。

　流量の算出には H-Q 曲線が用いられることが多い。H-Q 曲線は水位 $H$ と流量 $Q$ の関係を定めた式で

$$Q = aH^b \qquad (2.1.3)$$

と表される。ここに、$a$ および $b$ は観測地点固有の定数であり、複数回の流量観測によって定められる（図 2.1.6）。H-Q 曲線を定めておくことにより、計測が比較的簡単な水位のみで流量を見積もることができる。定めた $a$ および $b$ は河床変動や植生の繁茂などによって変化するので注意が必要である。

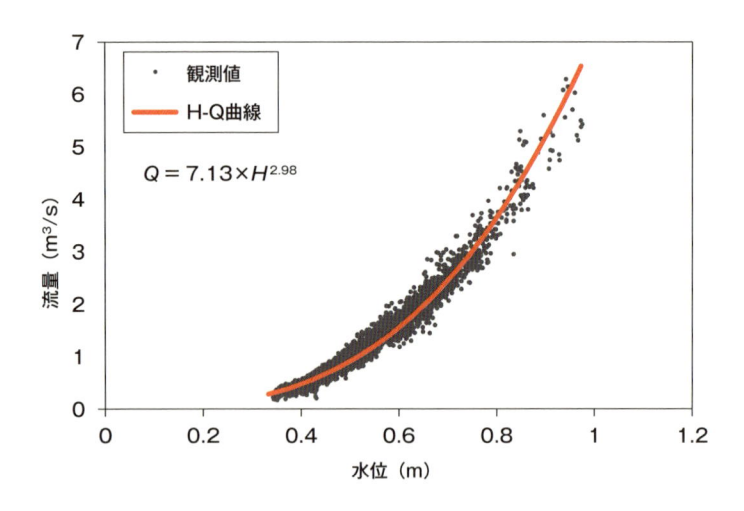

図 2.1.6　H-Q 曲線の作成例（福島県新田川水系比曽川）

　留意すべき点の③に関して、携帯型もしくは設置型のセンサーで直接計測する方法、手採水または自動採水によって得られた試料をパックテストなどでその場で簡易的に定量する方法、そして採水試料を持ち帰り、室内分析する方法がある。市販のセンサーで定量することができる代表的な項目として濁度がある。濁度はSS濃度に換算され、微細な土砂成分である浮遊砂（suspended load）やウォッシュ・ロードの定量に用いられるとともに、懸濁態の水質項目の推定に役立てられる。濁度計は、前述したように、光学式センサーで水中の粒子による光の透過や散乱を計測する機器であるため、流下する濁質の鉱物種や粒度によって応答が変化する。したがって、測定する場所毎でSS濃度と濁度の関係式を作成する必要がある。また、センサーの種類によって応答が異なる（図 2.1.7）。濁度計は長期間連続使用していると藻が光源などに付着して精度が低下する。そのため、定期的に光源を拭き取るワイパーが備わった機器も多い。その他、河川水中に浸して計測するセンサーとして溶存酸素（Dissolved Oxygen、DO）、pH、酸化還元電位（oxidation-reduction potential）、電気伝導度（electrical conductivity）、塩分濃度（salinity）、そして電極を用いた各種イオンセンサーがある。これらのセンサーの多くは頻繁に較正をする必要があるため、設置型ではなく携帯型が多い。
　SS濃度などの懸濁態の物質濃度は流量が増大するとともに増大する傾向にあ

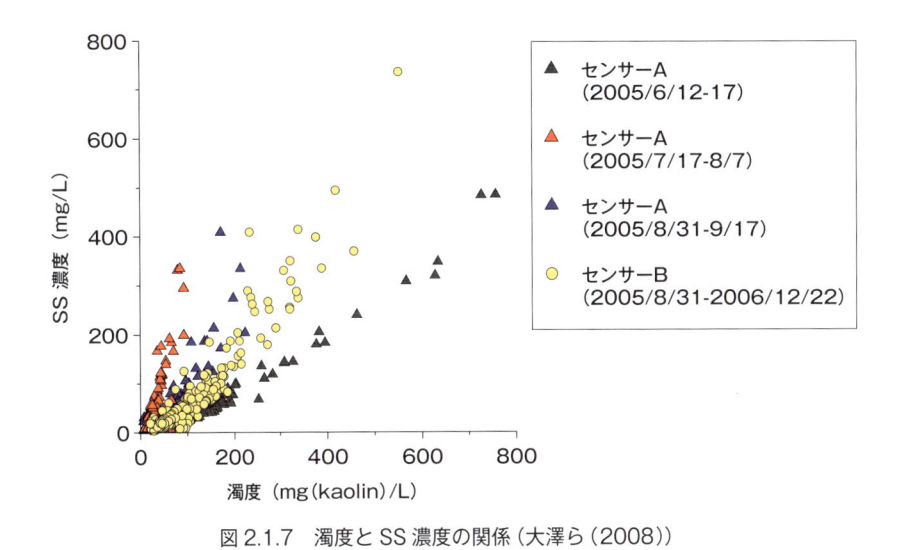

図 2.1.7　濁度と SS 濃度の関係（大澤ら（2008））

り、流量 $Q$ とその物質の流出量 $L$ の関係（L-Q 関係）に着目すると、

$$L = \alpha Q^\beta \qquad (2.1.4)$$

で表される L-Q 式（rating curve）で近似されることが多い。なお、$\alpha$ および $\beta$ は定数であり、$\beta$ は一般的に 1 以上の値を取る。L-Q 式は物質の濃度データが得られない場合に用いられる。

　しかしながら、流量 $Q$ と物質流出量 $L$ の関係はループを描くことがあるので使用には注意が必要である。図 2.1.8 の L-Q 関係を見ると、増水途中に土砂流出量が急激に増大しており、ピーク以降の土砂流出量は逆に著しく減少し、時計回りのループが描かれている。このような時計回りのループは、出水前に貯留されていた微細粒子が増水直後に流出するためであり、一般的にファーストフラッシュ（first flash）と呼ばれている。Williams（1989）や酒井ら（2000）は、このような水と物質の流出の関係を、物質の輸送形態や発生源の位置と関連付けて考察している。

### （3）沿岸域における水・物質輸送の観測

　河川の干潮域から沿岸域までを含めた水・物質輸送を観測するには下記の 3 つ

2章　観測・分析・数値解析手法

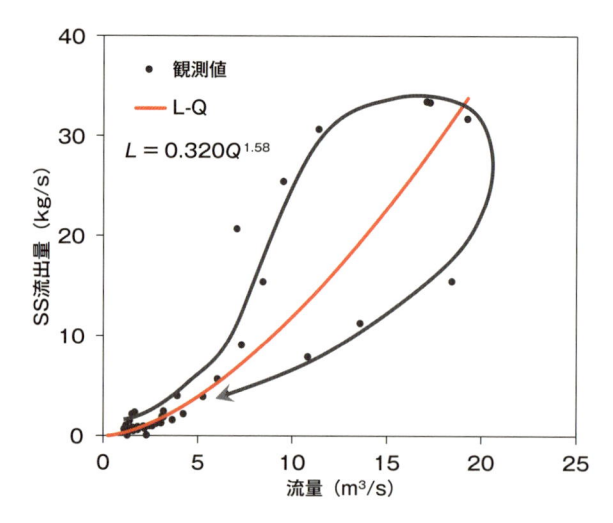

図2.1.8　L-Q式の例（パラオ共和国Ngerikiil流域、工藤ら（2013））

の点に留意すべきである。
　①潮汐の影響
　②風の影響
　③沿岸域においては河口からの距離
　留意すべき点の①に関して、河川と沿岸域における水や物質の輸送は、出水時では河川から沿岸域への方向でなされるが、平水時では、潮汐の影響を大きく受けて沿岸域から河川への方向にもなされる。物質が沿岸域へ流出するのは引き潮時に顕著であり、降雨流出がこのタイミングで発生するとより多くの物質が海域へ輸送される。そのため、水・物質輸送の観測は潮汐を考慮した観測期間の設定をすべきである。
　留意すべき点の②に関して、浅水域である沿岸域の物質の移流は風の影響を大きく受ける。風観測の項目としては風向、風速であるが、風見鶏・風杯併用型、飛行機型、そして超音波型の風向風速計がある。風見鶏・風杯併用型や飛行機型は電源が不要なセンサーが多く、取り扱いが便利であるが、台風時などに吹き飛ばされる恐れがある。超音波型は電源を必要とするが、可動部分がないため堅牢である。
　留意すべき③に関して、沿岸域は面的な広がりがあるため、センサーの設置や

採水地点の位置決めは河口からの測線上で行うのが良い。Ikeda ら（2009）は、海草の窒素安定同位体比を河口からの測線に沿って測定し、陸域からの窒素流出の影響評価を行っている。

　ここで、河口と沿岸域における観測例について説明する。図 2.1.9 における R-3 が河口地点であり、河川の観測で述べたような水位計、流速計、濁度計、自動採水機を用いて、水位、流速、流量、SS 濃度、栄養塩濃度に関する長期連続観測を実施した。また、陸域では雨量や風向風速の観測も行った。沿岸域では S-1 ～ 16 までの定期採水地点を定め（S-16 は他の沿岸域）、S-5 で水位、流速、濁度の長期連続計測を行った。三角や四角印は降雨時の採水地点を表す。観測結果の一例を図 2.1.10 に示す。図の上から降水量および R-3 における流量、R-3 における SS 濃度、R-3 における全窒素濃度および硝酸態窒素濃度、R-3 における全リン濃度およびリン酸態リン濃度、湾周辺部の風向・風速および S-5 における流速、S-5 および S-16 における濁度、S-5 における水深である。降雨に伴い、R-3 における懸

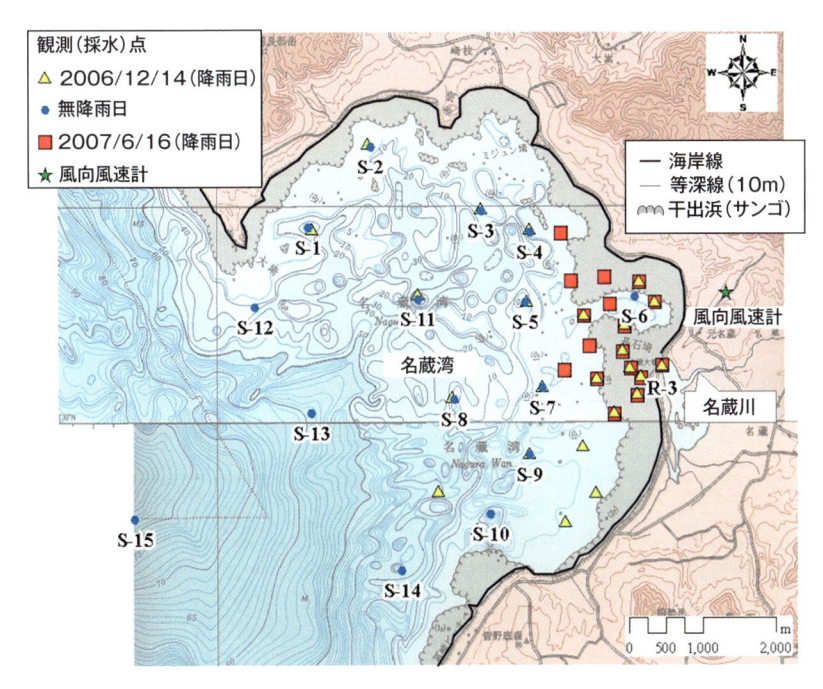

図 2.1.9　河口・沿岸域での観測例（石垣島名蔵湾）

2章 観測・分析・数値解析手法

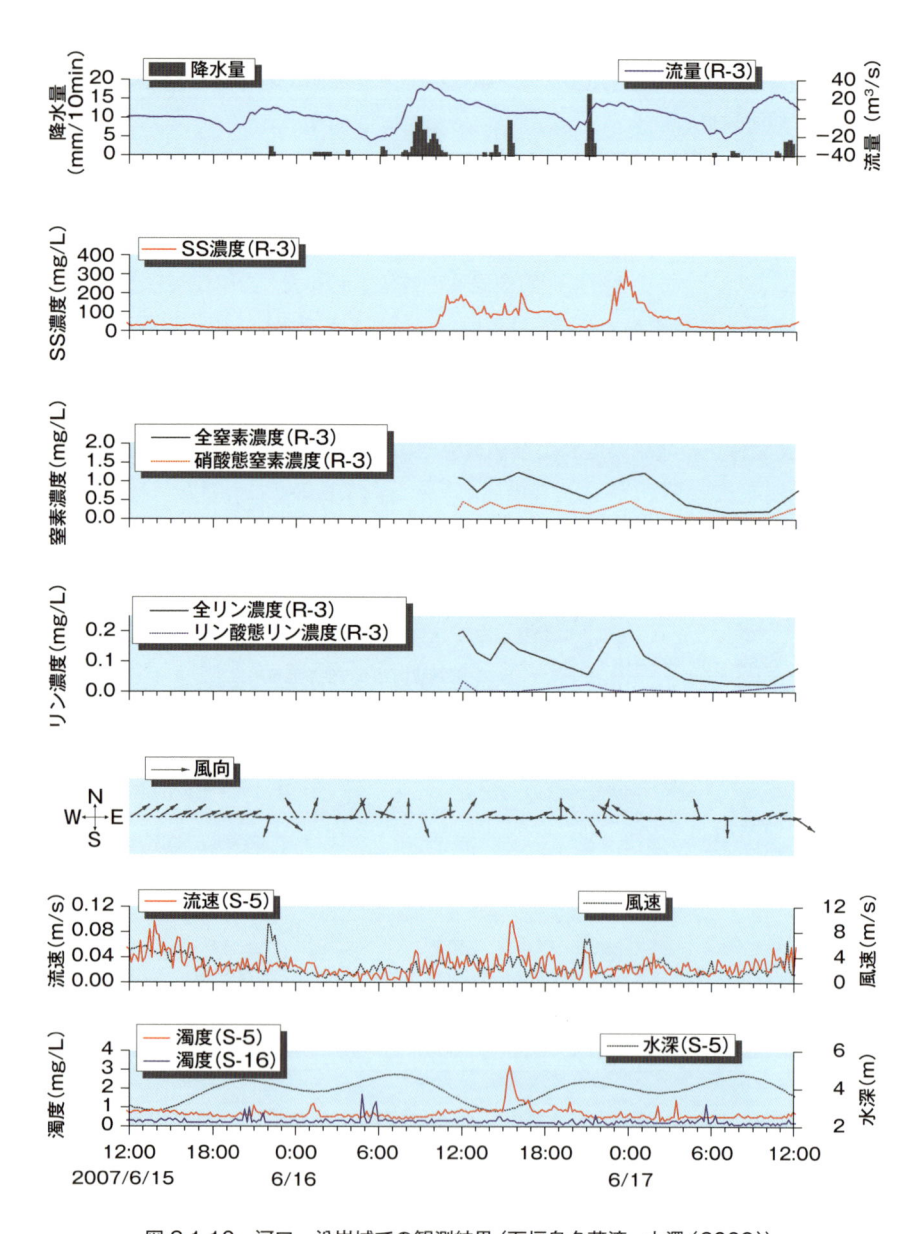

図 2.1.10 河口・沿岸域での観測結果（石垣島名蔵湾、大澤（2009））

濁物質（SS）や栄養塩の濃度は流量のピーク時ではなく、満潮以降の引き潮時に増大していることが分かる。また、河口から約 2km 離れた S-5 地点において、降雨後の引き潮時から徐々に濃度が増大しており、陸域から流入した懸濁物質がこの地点まで到達していると考えられる。

　沖縄では赤土流出問題として過剰な土砂や栄養塩が沿岸域に流出し、サンゴ等の水域生態系に甚大なインパクトを及ぼしていることが懸念されている。そのため、大見謝（1986）は沿岸域の底質に含まれている懸濁物質量 SPSS（content of Suspended Particles in Sea Sediment）を提案し、陸域から流入した微細な土砂が与えるサンゴへの影響評価の尺度とした（表 2.1.1）。また、底質中の微細粒子の量を直接測定するのではなく、透視度計を用いた簡易測定法も考案している（大見謝（2003））。

表 2.1.1　SPSS と底質状況、サンゴなどとの関係（大見謝（2003））

| SPSS kg/m$^3$ 下限 | ランク | 上限 | 底質状況とその他参考事項 |
|---|---|---|---|
|  | 1 | <0.3 | 水中で砂をかき混ぜてもほとんど濁らない。白砂がひろがり生物活動はあまり見られない。 |
| 0.4≦ | 2 | <1 | 水中で砂をかき混ぜても懸濁物質の舞い上がりを確認しにくい。白砂がひろがり生物活動はあまり見られない。 |
| 1≦ | 3 | <5 | 水中で砂をかき混ぜても懸濁物質の舞い上がりが確認できる。生き生きとしたサンゴ礁生態系が見られる。 |
| 5≦ | 4 | <10 | 見た目では分からないが、水中で砂をかき混ぜると懸濁物質で海が濁る。生き生きとしたサンゴ礁生態系が見られる。透明度良好。 |
| 10≦ | 5a | <30 | 注意して見ると底質表層に懸濁物質の存在が分かる。生き生きとしたサンゴ礁生態系の SPSS 上限ランク。 |
| 30≦ | 5b | <50 | 底質表層にホコリ状の懸濁物質がかぶさる。透明度が悪くなりサンゴ被度に悪影響が出始める。 |
| 50≦ | 6 | <200 | 一見して赤土等の堆積が分かる。底質攪拌で赤土等が色濃く懸濁。ランク 6 以上は、明らかに人為的な赤土等の流出による汚染があると判断。 |
| 200≦ | 7 | <400 | 干潟では靴底の模様がくっきり。赤土等の堆積が著しいがまだ砂を確認できる。樹枝状ミドリイシ類の大きな群体は見られず、塊状サンゴの出現割合増加。 |
| 400≦ | 8 |  | 立つと足がめり込む。見た目は泥そのもので砂を確認できない。赤土汚染耐性のある塊状サンゴが砂漠のサボテンのように点在。 |

## 2.2 分析手法

### (1) 有機物汚濁の指標
#### 1) 生物化学的酸素要求量 (BOD)
河川における有機物汚濁の指標としてBODが広く用いられている。河川内の有機物を直接計測するのではなく、有機物を分解する微生物等が必要とする酸素量を指標として用いている。計測はまずサンプル水を密封し、遮光条件下で20℃の恒温状態で5日間貯蔵する。次に、有機物分解後に残留している溶存酸素量（Dissolved Oxygen、DO）と初期のDOの差し引きで、消費酸素量を求める。

#### 2) 化学的酸素要求量 (Chemical Oxygen Demand、COD)
湖沼、海域における有機物汚濁の指標としてはCODが使われることが多い。水中の被酸化性物質が酸化剤によって化学的に酸化される際に消費される酸素量を、CODと呼ぶ。過マンガン酸カリウム（$KMnO_4$）や2クロム酸カリウム（$K_2Cr_2O_7$）を酸化剤として、100℃で20〜60分間反応させ、そのとき消費した酸化剤の量を酸素量に換算して表す。

#### 3) 全有機炭素 (Total Organic Carbon、TOC)
TOCは試料中の有機物を高温（650〜950℃）で燃焼し、発生する二酸化炭素を、赤外線ガス分析装置で測定するものである。TOCは有機物のほぼ完全な酸化（燃焼）が可能であり、直接水中の有機物炭素量を測定する方法として、有機汚濁を表す最も有効な指標である。

### (2) 濁度、懸濁物質 (SS)
水の濁りを表す指標として、濁度がある。標準物質であるカオリン1mgを蒸留水1Lに混ぜた濁りを濁度1度とし、この標準液と試料水を比較して濁度を決定する。また、直接的に濁りを計測する指標として、懸濁物質濃度がある。2mmのふるいを通過した試料水を孔径1μmのガラス繊維ろ紙でろ過し、ろ紙に捕捉された質量を、乾燥後に測定する。

濁度の計測法には比較用の標準液を使って肉眼により求める視覚測定法と光の透過率や散乱の度合いを計測して求める光学式濁度計を用いる方法がある。

しかし、図2.1.7に示したように光学式濁度計による濁度と懸濁物質は、濁質の鉱物種や粒度によってその関係が変化するので、注意が必要である。

### (3) 栄養塩類（窒素、リン）

栄養塩は生物生産に必要な塩類のことであり、河川・湖沼・海域では窒素（硝酸態窒素（$NO_3$-N）、亜硝酸態窒素（$NO_2$-N）、アンモニア態窒素（$NH_4$-N））、リン（リン酸態リン（$PO_4$-P））の塩類が重要となる。今日、これらの栄養塩類は気泡分節連続フロー式オートアナライザーで計測されるのが一般的である。この装置は連続した流れのライン中で試薬と混合し、比色分析を自動的に行うものである。詳細な分析方法は専門書（気象庁（1999）、建設省河川局（1997））を参照されたい。

### (4) クロロフィル

河川・湖沼・海域の一次生産を担う藻類や植物プランクトンの現存量はクロロフィルaによって測定される。クロロフィル（葉緑素）はクロロフィルa、b、cおよびバクテリオクロロフィルに分類されるが、このうちクロロフィルaは光合成細菌を除くすべての緑色植物に含まれるもので、水中の藻類や植物プランクトンの存在量を量る指標となる。クロロフィルaの計測は47 mm GF/Fフィルターを用いてろ過し、残った有機体を90％アセトンで抽出し、抽出水を遠心分離器にかけたのち、分光光度計を用いて750、663、645および635mμの波長の吸光度を測定する。抽出液の濁りの補正のために750mμの吸光度を663、645および635mμの吸光度から引いたものをそれぞれの真の吸光度として用いる。それらを用いてクロロフィルa、b、cは以下のように表される（合田（1975））。

$$Chl.a[mg/L] = 11.64E_{663} - 2.16E_{645} + 0.10E_{680}$$
$$Chl.b[mg/L] = -3.94E_{663} + 20.97E_{645} - 3.66E_{680} \quad (2.2.1)$$
$$Chl.c[mg/L] = -5.53E_{663} - 14.81E_{645} + 54.22E_{680}$$

ここで、多摩川の上流域の瀬・淵で採取した付着藻類の強熱減量とクロロフィルa量の関係を図2.2.1に示す。強熱減量とは付着藻類を一定温度で強熱した場合の質量減少量であり、有機物量の指標となる。両者には相関関係が見られるものの、強熱減量が多いにも関わらず、クロロフィルa量はそれほど多くない点が見られる。これらの点は枯死した付着藻類やその他の有機体が多く含まれている

2章 観測・分析・数値解析手法

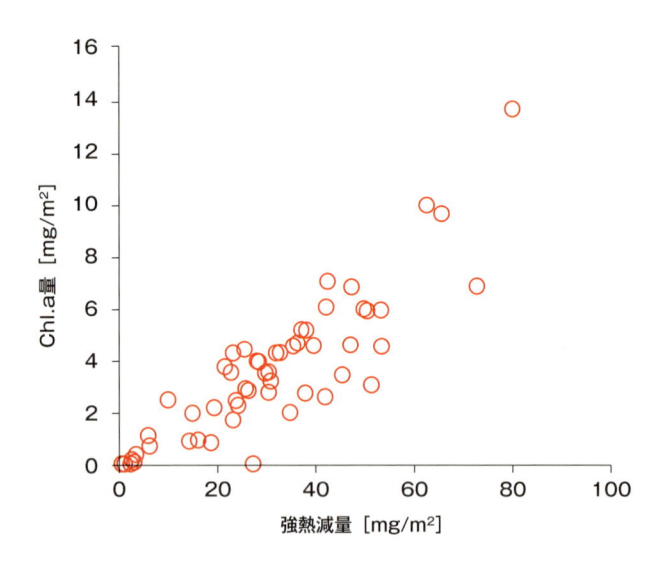

図 2.2.1 付着藻類の Chl.a 量と強熱減量の関係

と考えられる。したがって、付着藻類の現存量の計測はクロロフィル a 量を用いることが望ましいことが分かる。

## (5) 安定同位体比

安定同位体比は陸水学や地球化学の分野では 1950 年代から用いられており、重い同位体物質をトレーサーとして自然界での物質の流れを把握するのに有効な手段である。近年では水域の生態系の仕組みや流域での栄養塩動態の解明に広く使われている（永田 (2008)）。水域の生態系や栄養塩動態に深く関わる安定同位体としてここでは主に炭素・窒素同位体について説明する。

炭素・窒素安定同位体比の計測は質量分析計を用いて行う。炭素安定同位体比の計測では対象とするサンプルに含まれる炭素を二酸化炭素に変換して、質量分析計に導入する。質量数 12 と 13 の炭素はそれぞれ質量数 44 と 45 の二酸化炭素になり、それぞれの二酸化炭素の数を定量化し、その比率を標準試料（1 章の表 1.3.3）と比較することにより、サンプルの安定同位体比を 1 章の式 (1.3.2) によって計算することができる。窒素安定同位体分析ではサンプルの窒素を窒素ガスに変換することによって、炭素安定同位体比と同様の計測を行う。

水域に関わる有機物はそれぞれ表 2.2.1 に示すような炭素・窒素安定同位体比を持つことが知られている（和田（2002））。炭素同位体比に関しては、陸上植物の樹木やイネ科の一部の植物（C4 植物）はほぼ一定の値を取るが、水域の植生や付着藻類・植物プランクトンは生育環境によって値が大きく変動する。一方で、窒素安定同位体比は樹木や C4 植物などの陸生植物起源の有機物は 0‰前後に近い値を取るのに対して、水域で生産される付着藻類や植物プランクトンは水中の栄養塩濃度の影響を受けて大きく変動する。前述のように動物の窒素安定同位体比は餌となる植物の窒素安定同位体によって規定されており、食物連鎖に沿って一定の比率で上昇することが知られている。動物の筋質の窒素安定同位体比は栄養段階によって次の式で表される（和田（2002））。

$$\delta^{15}N_a = 3.3(TL - 1) + \delta^{15}N_p [‰] \qquad (2.2.2)$$

ここに、$\delta^{15}N_a$ は動物の筋質の窒素安定同位体比、$\delta^{15}N_p$ は餌となる植物の窒素安定同位体比、TL（Trophic Level）は栄養段階を意味する。TL は植物を 1 としている。

表 2.2.1　代表的な炭素・窒素同位体比の値

|  | $\delta^{13}C$ (‰) | $\delta^{15}C$ (‰) |
|---|---|---|
| 樹木 | $-27 \sim -25$ | $-1 \sim +1$ |
| C4 植物 | $-11 \sim -14$ | $-1 \sim +1$ |
| 付着藻類 | $-10 \sim -5$ | $0 \sim +8$ |
| 植物プランクトン | $\sim -20$ | $6 \sim$ |

## 2.3　数値シミュレーション

　現地における観測や試料の分析には多大な労力、時間、費用を要する。また、物質の動態や軽減対策効果を流域スケールで実証することは困難である。近年、コンピュータの高度化・高速化に伴い、プログラミングの知識がなくても利用可能なシミュレーションモデルが増えている。本節では、物質動態（特に土壌侵食や土砂流出）を解析するために用いられるモデルを紹介する。

2章 観測・分析・数値解析手法

### (1) 物質動態モデルの種類と特徴

流域スケールで物質動態の予測や評価をするためには、①面源からの対象物質の発生過程、②水路や河川における輸送過程、③沿岸域での輸送過程、を表現する必要がある。多くのモデルは各過程もしくは過程の一部を表すものに留まっているが、中には①と②を結合したものや②と③を結合したものもある。表2.3.1 に代表的なモデルを挙げた。面源からの物質の発生過程には原単位法（unit value method）が用いられることが多い。土地利用毎に水や物質の流出量を実測や既往の事例などを参考に決定しなければならないので、環境変化に対する応答を臨機応変に表現することができない。L-Q 式は集水域の末端における物質の流出量を表現可能であるが、こちらも環境変化に対する応答を表現することができない。流出解析に用いられるタンクモデル法（tank model）に水質項目を付加させたモデルも開発されており、土地利用毎に異なる水や物質の流出形態を定めている。

SWAT（Soil and Water Assessment Tool）は、USDA-ARS と Texas A&M 大学によって開発されたモデルである。流域での、地形、気象、土壌、土地利用、営農管理といった要素によって影響を受ける水、土砂、栄養塩（窒素・リン）などの動態

表 2.3.1　代表的なモデルとその特徴

| モデル | 解析方法 | 空間スケール | 時間的解像度 | 物質の種類 | 環境変化に対する応答 | 実用性（簡便性） |
|---|---|---|---|---|---|---|
| 原単位法 | 経験的 | 面源 | 年単位 | 任意 | 評価不可能 | 土地利用毎の物質の発生量が必要 |
| L-Q 式 | 経験的 | 小流域 | 分単位 | 任意 | 評価不可能 | 長期間の観測データが必要 |
| 水質タンクモデル | 経験的 | 小〜大流域 | 分単位〜日単位 | 任意 | 評価不可能 | 長期間の観測データが必要 |
| SWAT | 物理的 | 中〜大流域 | 日単位 | 水、土砂、栄養塩など | 評価可能 | 複雑だがソフトウェア化（GUI）、GIS と連携 |
| WEPP | 物理的 | 小流域 | 降雨単位〜日単位 | 水、土砂 | 評価可能 | 複雑だがソフトウェア化（GUI）、GIS と連携 |

を扱うことができる。SWATは現象の諸過程を再現したプロセスベースのモデルであり、様々な要素の変動過程を明確に表現できる。さらに長期間のシミュレーションを比較的短時間で実行できるようにするため、対象とする流域の地理情報をHRU（Hydrologic Response Units）と呼ばれる単位で表し、計算効率を高めている。また、GUI（Graphical User Interface）を有するソフトウェアとして開発されており（SWAT（2014））、現在ではGISと連携させているので、利便性が高い。しかしながら、面源における土壌侵食過程に関しては古典的で経験的モデルであるUSLE（Universal Soil Loss Equation）を改良したMUSLE（Modified USLE）が用いられており、パラメータの同定が困難となる場合もある。一方、土壌侵食、土砂流出に特化した代表的なモデルとしてWEPP（Water Erosion Prediction Project）があり、USLEとともに次項以降で記述する。

### （2）土壌侵食モデルの種類と特徴

　土壌侵食モデルとして、最も適用事例が多いのはUSLEであり、1960年代から米国農務省を中心に開発が始まり、1978年にWischmeier・Smith（1978）によってまとめられた。USLEは年間侵食量 $A$ の算定のために開発されたモデルであり、降雨係数 $R$、土壌係数 $K$、地形係数 $LS$、作物管理係数 $C$、そして保全係数 $P$ に関する5つの係数からなるシンプルな算定式である。

$$A = R \cdot K \cdot LS \cdot C \cdot P \qquad (2.3.1)$$

　USLEは米国内における10,000点以上の観測結果から経験的に各パラメータが定式化され、現在では世界各国で用いられている。西村（1998）はUSLEにおける問題点として、各係数が経験的に決定されているので、既存のデータが存在しない新しい土地や土壌、予想外の降雨の際の侵食量の予測が難しい点と、土砂の流れを含めていないことにより、流域規模への拡張が難しい点を指摘している。また、年間流亡土砂量を推定するために構築されたので、降雨イベント単位、またはそれ以下の時間分解能の精度は保障されていない。
　このような問題点からUSLEの開発以降、降雨に伴う表面流の発生、土粒子の剥離および運搬機構、そして土壌や植生などの侵食に関わる機構をより現象に即した形で表現するモデル（物理的モデル）が多数提案されている。中でもUSDA-ARSが開発した土壌侵食・土砂流出解析モデルであるWEPPは、農地等の斜

面における土壌侵食に加え、流域における土砂の流下過程も表現可能なプロセスベースのモデルであり、実態の再現、広域評価、土木的対策方法や営農的対策による効果の算定等に用いることができる有力なモデルである。このような比較的完成度の高いモデルがあるにも関わらず、日本におけるWEPPの適用事例は多くない。

　USLE以降のWEPP以外の代表的なモデルとして、USLEの改良版であるRUSLE（Revised Universal Soil Loss Equation、Renard et al.（2000））、初期的な物理的モデルであるCREAMS（Chemical, Runoff, and Erosion for Agricultural Management Systems、USDA（1980））、比較的広い領域を対象にした半経験半物理的モデルであるAGNPS（AGricultural Non-Point Source pollution model、Young et al.（1989））、一雨間の侵食量の経時変化が表現可能であるKINEROS（Woolhiser et al.（1989））、EuroSEM（Morgan et al.（1992））などが挙げられる。これらのモデルにおける特徴を表2.3.2にまとめた。なお、表に挙げたモデルは、現時点で利用が認められ、公開されているモデルを選んでいる。これらのモデルの特徴を比較すると、各モデルいずれも一長一短であり、使用者の目的に合わせてモデルを選定すべきである。

表2.3.2　代表的な土壌侵食・土砂流出モデルとその特徴

| モデル | 種類 | 空間スケール | 時間的解像度 | 圃場状態の変化 | 実用性（簡便性） |
|---|---|---|---|---|---|
| USLE / RUSLE | 経験的 | 圃場 | 年単位 | 部分的に評価可能 | 非常にシンプル |
| AGNPS | 半経験的半物理的 | 大流域 | 分単位〜年単位 | 評価可能 | 複雑 |
| WEPP | 物理的 | 小流域 | 降雨単位〜日単位 | 評価可能 | 複雑だがソフトウェア化（GUI） |
| KINEROS | 物理的 | 小流域 | 分単位〜降雨単位 | 評価不可能 | 複雑 |
| EuroSEM | 物理的 | 小流域 | 分単位〜降雨単位 | 評価不可能 | 複雑だがソフトウェア化（GUI） |

## (3) WEPP モデル（大澤ら（2013））
### 1) WEPP の概要

　WEPP は 1985 年に開発が始まり、農地等の斜面モデルが 1989 年に発表された（Nearing et al.（1989））。その後、水路や貯水池を含む流域モデルとして 1995 年に公開された。現在に至るまでモデルは随時更新されており、インターネットを介して無償で配布されている（USDA ARS（2014））。WEPP は斜面における土壌侵食過程、水路または河川における侵食・堆積・輸送過程、そして貯水池における堆積・輸送過程の 3 つの過程で構成されている。中でも土壌侵食に関して大きな影響因子である作物の生長、土壌状態の変化、各種営農管理作業を実際の現象に即した形で表現していることが特徴である（図 2.3.1）。

　WEPP は図 2.3.2 のような GUI を有するアプリケーションとして開発されており、プログラム言語が分からなくても、直感的に各種入力データの設定やプログラムの実行が可能であり、実用性に優れている。一方で、ソースコードが公開されていないために、利用者はモデルの構造や計算式の改変ができないという不便さもある。

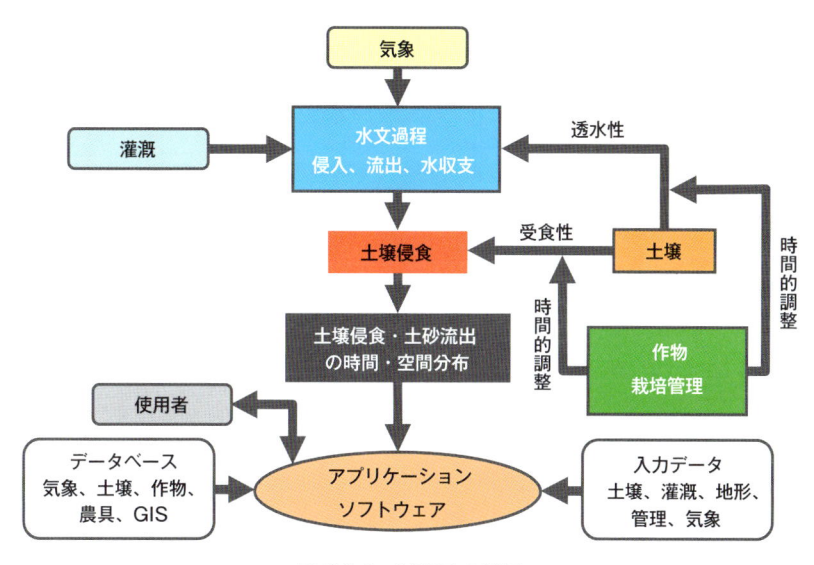

図 2.3.1　WEPP の概要

2章 観測・分析・数値解析手法

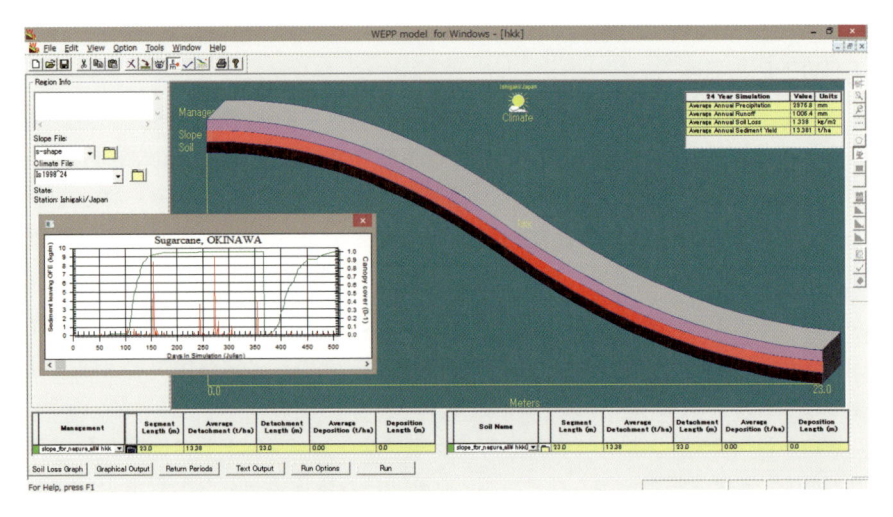

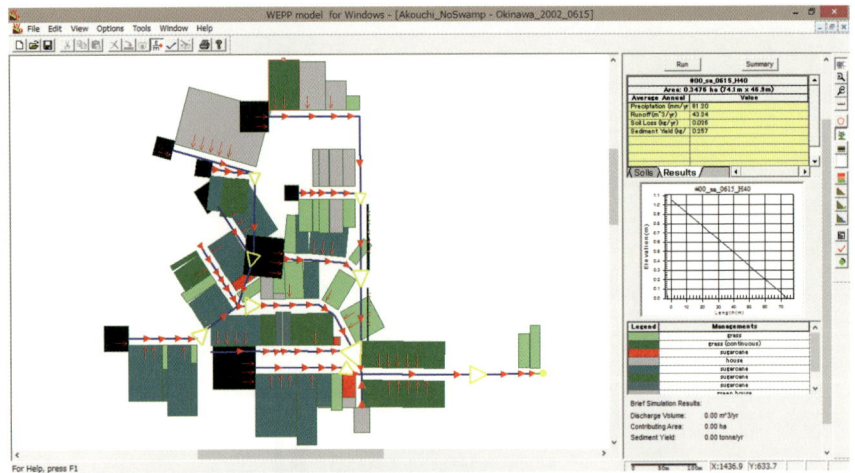

図2.3.2　WEPPの操作画面（上：斜面スケール，下：流域スケール）

　WEPPの適用性をさらに高めた展開として、2001年よりGISと連携した形で解析を実行することができるGeoWEPPの開発が進んでいる（GeoWEPP (2014)）。GISにおける地形情報をもとに河道網や集水域が自動的に決定され、土壌図や土地利用図がWEPPの土壌や管理入力データとして直接利用できるようになったので、広域評価を行う際の労力が大幅に軽減される。

## 2) WEPP の土壌侵食過程

侵食過程における土砂の連続式は次式で表現される。

$$\frac{dG}{dx} = D_f + D_i \tag{2.3.2}$$

ここに、$G$ は土砂流出量（kg·s$^{-1}$·m$^{-1}$）、$x$ は流下方向距離（m）、$D_f$ はリル侵食量（kg·s$^{-1}$·m$^{-2}$）、$D_i$ はインターリルからの土砂流入量（kg·s$^{-1}$·m$^{-2}$）である。ここで、リルは侵食によってできた小さな溝であり、その溝の間をインターリル（inter rill）という。

インターリルからの土砂流入量は次式で表される。

$$D_i = K_{iadj} \ I_e \ \sigma_{ir} \ SDR_{RR} \ F_{nozzle} \left[\frac{R_s}{w}\right] \tag{2.3.3}$$

ここに、$K_{iadj}$ はインターリル侵食係数（kg·s·m$^{-4}$）、$I_e$ は有効降雨強度（m·s$^{-1}$）、$\sigma_{ir}$ はインターリル流量（m·s$^{-1}$）、$SDR_{RR}$ は土砂運搬率、$F_{nozzle}$ はスプリンクラー灌漑の地表面への衝撃に関する係数、$R_s$ はリル間隔（m）、$w$ は圃場末端におけるリル幅（m）である。式 (2.3.3) から分かるように、インターリル侵食は雨滴侵食および表面流に伴う土粒子の剥離によって土砂生産が起こる。インターリル侵食係数 $K_{iadj}$ は日単位で変動し、土壌の粒度、作物被覆、地表被覆、地中の残渣や生根などの要素によって表現される。

リル領域では運搬可能土砂量 $T_c$（kg·s$^{-1}$·m$^{-1}$）を掃流力の関数として定義し、流水による土壌剥離が起こる場合（$G \leq T_c$ かつ $\tau_f > \tau_c$）、次式により $D_f$ を求める。

$$D_f = K_r(\tau_f - \tau_c)\left(1 - \frac{G}{T_c}\right) \tag{2.3.4}$$

ここに、$K_r$ はリル侵食係数（s·m$^{-1}$）、$\tau_f$ は掃流力（Pa）、$\tau_c$ はリルにおける土粒子の限界掃流力（Pa）である。リル侵食係数 $K_r$ や限界掃流力 $\tau_c$ は日単位で変動し、土壌の粒度、地表被覆、地中の残渣や生根などによって表現される。一方、$G \leq T_c$ かつ $\tau_f \leq \tau_c$ の場合、$D_f = 0$ である。$G > T_c$ の場合、$D_f$ は沈降量として次式で表される。

2章　観測・分析・数値解析手法

$$D_f = \frac{\beta V_f}{q_r}(T_c - G) \tag{2.3.5}$$

ここに、$\beta$ は雨滴による攪乱係数（無次元）、$V_f$ は土粒子の有効沈降速度（m·s$^{-1}$）、$q_r$ は単位リル幅あたりの流量（m$^2$·s$^{-1}$）である。

### 3）入力データの整備方法
#### a）斜面スケールでの WEPP の適用方法

準備すべき入力データを表 2.3.3 にまとめた。米国での適用に限り、これらの入力データのデータベースが既に整備されており、ユーザーは必要に応じてデータをダウンロードしてただちにモデルを適用することができる。日本を含むそれ以外の地域では、これらのデータを独自に収集およびデータの整備を行う必要があり、この過程がモデルの利用を困難にしている主な要因であると考えられる。また、米国以外の土壌や土地利用などの地域特性がモデルの関数の決定に十分反映されていないことも問題点として挙げられる。例えば、WEPP は水田の要素が欠如しているため、代かきに伴う濁水の流出などは表現ができない。

表 2.3.3　WEPP の入力データ

| 要素 | 項目 | 入力データ |
|---|---|---|
| 共通 | 気象 | 降水量、気温、風向、風力（風速）、日射量、露点温度 |
| 斜面 | 土壌 | 土性（粘土・シルト・砂の割合）、有機物含有率、CEC、アルベド、初期含水率 |
| | 地形 | 斜面長、流下方向における勾配 |
| | 管理 | 管理スケジュール<br>作物の生長に関するパラメータ群、耕起、播種、灌漑、収穫などの営農作業に関するパラメータ群 |
| 水路 | 土壌<br>地形<br>管理 | 斜面と同じ |
| | 特性 | 形状、粗度、侵食に関するパラメータ群 |
| 貯水池 | 種類 | 貯水形態や流出形態を選択 |
| | 特性 | 形状、初期貯水量等のパラメータ群 |

2.3 数値シミュレーション

・気象入力データ

　任意の地域における降雨、蒸発散などの気象要素のシミュレータにはWEPPに同梱されているCLIGEN（CLImate GENerator）を用いる。これは既存の気象観測値をもとにして仮想の気象データを作成するシミュレータである。出力される気候要素は、日降水量（または一雨の降水量）、降雨継続時間、ピーク降雨強度、ピーク降雨強度の発生時刻、最低・最高気温、日射量、風速・風向、露点温度である。適用する地域を指定すればこれらの出力値が得られる。米国以外の地域では、CLIGENに入力する各種統計値を対象地の観測値を用いて作成した上で気象データを作成するか、BPCDG（Break Point Climate Data Generator）というWEPPに同梱されているプログラムを用いて対象地の観測値を直接入力することによって作成する。日本における気象データ作成には、実測値の他に気象庁が公開しているアメダスや地上気象観測値なども利用可能である。

・地形入力データ

　WEPPは一斜面を長方形として扱い、単位幅あたりの侵食量を算出する。準備すべき地形データは、斜面長および流下方向の任意の地点における斜面勾配である。なお、畝などの微地形は後述の管理入力データの中で設定する。

・土壌入力データ

　土壌の状態は、雨水の侵入、表面流に起因する土粒子の剥離、雨滴侵食、そして侵食された土砂の運搬に大きく寄与する。代表的な土壌の変数として、インターリル侵食係数、リル侵食係数、限界掃流力、ランダムラフネス（地表面の凹凸）、乾燥密度、有効透水係数、そして体積含水率がある。これらの変数は日変化するが、算定の基礎となるのが土壌入力データである。入力データは土性（粘土・シルト・砂の割合）、有機物含有率、CEC（Cation ExChange ratio）を任意の土層毎に設定する他、アルベドや初期含水率を設定する。ここで注意が必要な事項としては、土性の粒径区分はUSDA法に従うことである。また、両侵食係数および限界掃流力のベース値は上述の入力データから自動計算されるが、任意の値に設定することもできる。

　土壌入力データは実測値を用いるのが理想的であるが、日本における適用に関して、国土交通省が国土調査の土地分類調査として取りまとめてい

る土壌図や日本土壌協会で作成されている地力保全土壌図データベースを活用することも可能である。

・管理入力データ

作成すべき管理入力データは、耕起、植え付け、灌漑、収穫などの作業およびその実施時期から構成される営農スケジュールである。使用する器具、作付け品目、収穫方法などを各作業において設定する必要がある。また、栽培する作物種を指定する必要がある。なお、代表的な管理作業や作物成長に関するパラメータはデフォルト値として用意されている。

・斜面スケール解析の実行および出力データ

数値解析にかかる時間に関して、1、2年間の計算では一般的な PC を用いて 2、3 秒、100 年間の計算でも 10 〜 20 秒程度で完了する。その結果、流出する土砂流出量、水量に始まり、土壌の物性、水収支、作物の生長などに関する 100 を超える項目が日毎のテキストデータまたはグラフで出力される。また、流出した土砂の粒度や有機物量なども出力される。さらに、圃場内での地表面の標高の変化も再現される。

b) 流域スケールでの WEPP の適用方法

・流域の描画

流域スケールにおける適用のために、圃場、水路、貯水池の分布を描画する必要がある。地図や航空写真などを参考にして、図 2.3.2 下図に示すような図を作成する。その後、各要素のデータを入力する。これらの作業は手作業で行う必要があり、流域が大きくなれば作業量も増大するので、この描画と各要素のデータ入力を GIS によって一括して実行できる GeoWEPP は有用である。しかし、現行の GeoWEPP では、圃場整備された農地区画やそれに付随した水路、そして貯水池の描画が不可能である。

・水路および貯水池における入力データ

水路における土壌、地形、管理に関する入力データは斜面のものと同一である (表 2.3.3)。水路特性の入力値として、形状、粗度、侵食に関するパラメータ群があるが、土水路や礫床水路などいくつかの水路種に対応したパラメータ群があらかじめ用意されている。貯水池の設定として、貯水形態や流出形態に応じて複数の種類の中から選択し、形状や初期貯水量等のパラメータを入力する。

・流域スケール解析の実行および出力データ

　解析にかかる時間は、斜面、水路、貯水池の要素数に依存する。斜面数の上限は 1,000 個であり、著者らが一般的な PC を用いて 500 程度の斜面を有する流域で 24 年間の解析を実行した際、30 分程度であった。出力される結果は斜面スケールと同じデータに加え、水路や貯水池における水量や土砂流出量がテキストデータとして出力される。また、描画した図において、これらの結果が色別に表現される。

4) WEPP モデルの適用事例
a) モデルの適合性の検証

　沖縄県石垣島のサトウキビ畑（斜面長約 80m、勾配約 3％）における適用結果を図 2.3.3 に示す。詳細は大澤ら（2005）を参照されたい。裸地における著しい土壌侵食、慣行栽培区における作物の存在による侵食抑制効果、不耕起栽培区における無耕起および地表面における残渣被覆による顕著な侵食抑制効果を WEPP 計算で的確に表現できている。

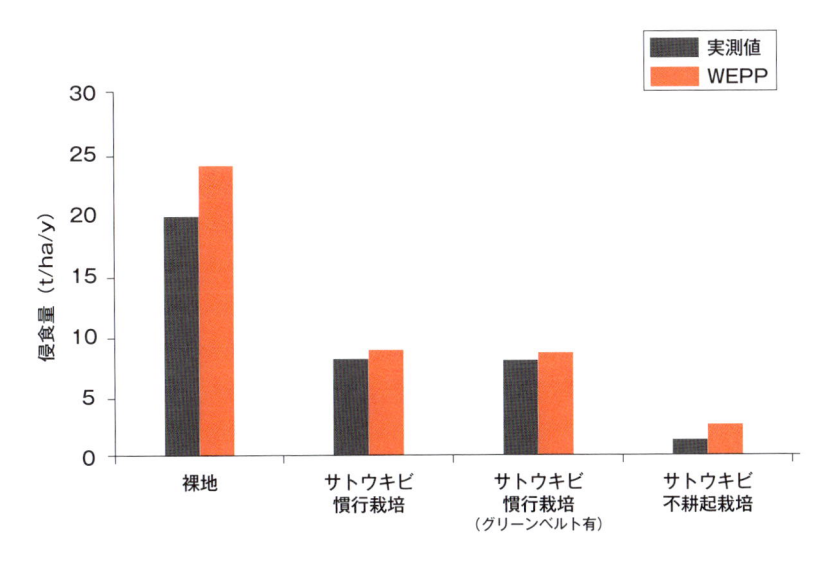

図 2.3.3　WEPP による斜面スケールのシミュレーション結果（沖縄県石垣島新川試験区地）

2章 観測・分析・数値解析手法

　沖縄県石垣島の名蔵川流域（流域面積約15km$^2$）における適用結果を図2.3.4に示す。詳細は大澤ら（2008）を参照されたい。2006年2月22日などの比較的大きい土砂輸送量が観測されたイベントでは、観測値と計算値は概ね適合している。しかし、2006年8月21日や2006年12月21日などの中規模の土砂輸送量が観測されたイベントでは、計算値は過大または過小評価であった。適用期間全体の総和は、観測値が677t、計算値が542tとなり、適合性は概ね良好であった。

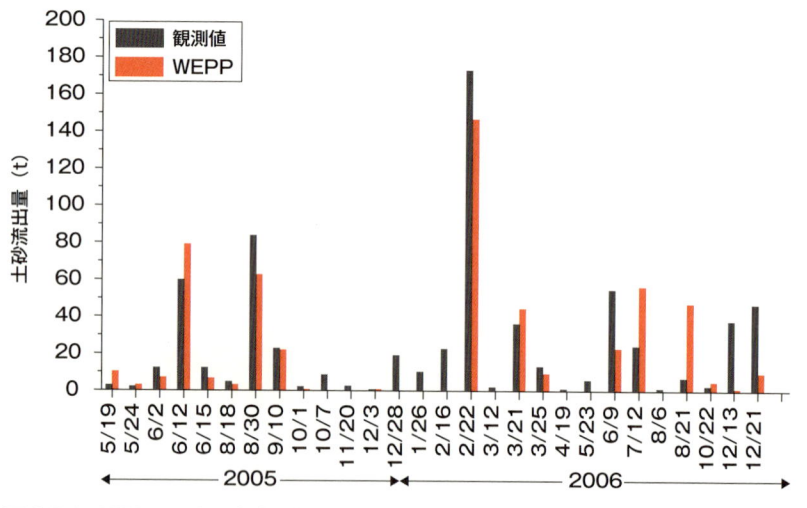

図2.3.4　WEPPによる流域スケールのシミュレーション結果（沖縄県石垣島名蔵川流域）

b) WEPPによる対策のシミュレーション

　上述の名蔵川流域を対象とした対策シミュレーションの解析結果を図2.3.5に示す。過去10年間の石垣島地上気象観測値を用いて、斜面での土壌侵食量および河川での土砂流出量の年平均値を算出した。対策として、流域内のサトウキビ畑を対象に、不耕起栽培の実施、休閑期における緑肥作物の栽培、残渣によるマルチング、グリーンベルトの設置を想定した。また、パインアップル畑を対象に、残渣によるマルチング、グリーンベルトの設置を想定した。解析の結果、現状で1,048t/yであった土砂流出量が、対策を実施した場合では562t/yに減少し、削減率は46%となった。このように、WEPPを用いることによって各種対策に伴う土壌侵食や土砂流出量の削減効果を見積もることができる。

2.3 数値シミュレーション

現状

年平均土砂流出量：
1,048 t/year
(0.73 t/ha/year)

侵食量（平均値）
t/ha/year
- 0-1
- 1-2
- 2-4
- 4-8
- 8-16
- 16-32
- 32-64
- 64-128
- 128-256

流域からの土砂流出量
■ 現況（対策なし）
■ 対策後
■ 降水量

対策後

年平均土砂流出量：
562 t/year
(削減率:46%)

営農的対策

サトウキビ畑
→不耕起栽培、マルチング、カバークロップ、グリーンベルト

パインアップル畑
→マルチング、グリーンベルト

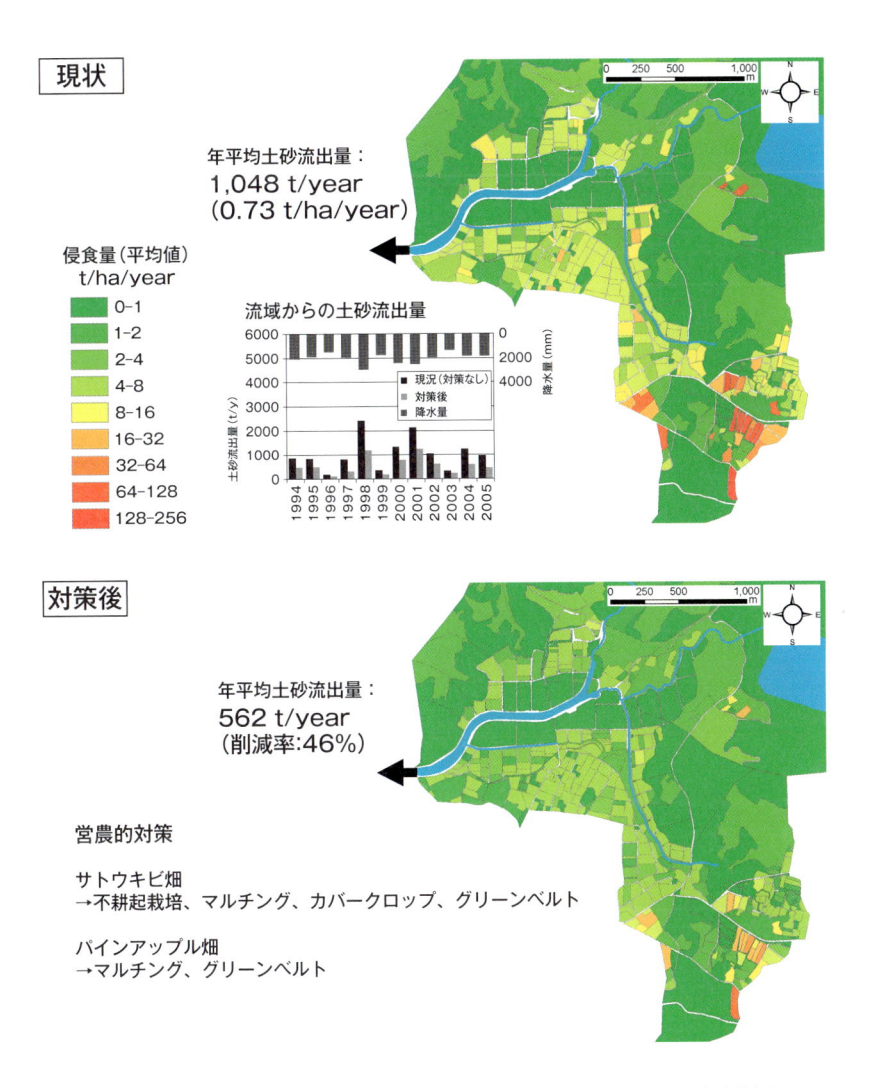

図 2.3.5　WEPPによる流域スケールの対策シミュレーションの解析結果
（沖縄県石垣島名蔵川流域）

上：現状の侵食量分布および土砂流出量
下：営農的対策を想定した侵食量分布および土砂流出量

47

**参考文献**

GeoWEPP, <http://geowepp.geog.buffalo.edu>, (accessed 2014 03 17).

Ikeda, S., Osawa, K., and Akamatsu, Y.: Sediment and nutrients transport in watershed and their impact on coastal environment, Proc. Japan Academy, Ser. B, pp.374-390, 2009.

Morgan, R.P.C., Quinton, J.N. and Rickson, R.J.: EUROSEM: Documentation Manual, Silsoe Collage, Cranfield University, UK, 1992.

Nearing M.A., Foster, G.R., Lane, L.J. and Finkner, S.C.: A process-based soil erosion model for USDA-water erosion prediction project technology, Transactions of the ASAE, 32(5), pp.1587-1593, 1989.

Renard, K.G., Foster, G.R., Weesies, G.A., McCool, D.K. and Yoder, D.C.: Predicting rainfall erosion losses: A guide to conservation planning with the revised Universal Soil Loss Equation (RUSLE), *Agricultural Handbook* No. 703, USDA Washington D.C., 2000.

SWAT, <http://swat.tamu.edu/>, (accessed 2014 03 17).

USDA: CREAMS: A field-scale model for chemical study, geography department systems, U. S. Department of Agriculture Conservation Research Report No.26, p.640, 1980.

USDA ARS, <http://www.ars.usda.gov/Research/docs.htm?docid=10621>, (accessed 2014 03 17).

Williams, G.P: Sediment concentration versus water discharge during single hydrologic events in rivers, *Journal of Hydrology*, 111, pp.89-106, 1989.

Wischmeier, W.H. and Smith, D.D.: Predicting rainfall-erosion losses, *Agricultural Handbook* No. 537, USDA Washington D.C., 1978.

Woolhiser, D.A., Smith, R.E. and Goodrich, D.C.: KINEROS, A kinematic runoff and erosion model, Documentation and Use Manual, USDA, ARS-77, 1989.

Young, A., Onstad, C.A., Bosch, D.D., Anderson, W.P.: AGNPS: A nonpoint-source pollution model for evaluating agricultural watersheds, *Journal of Soil and Water Conservation*, 44(2), pp.121-132, 1989.

池田駿介:『詳述水理学』、技報堂、pp.250-251、1999.

大澤和敏、池田駿介、山口悟司、髙椋　恵、干川　明:農業流域から河川へ流入する微細土砂の抑制対策試験および解析、河川技術論文集、11、pp.309-314、2005.

大澤和敏、池田駿介、久保田龍三朗、乃田啓吾、赤松良久:石垣島名蔵川流域における土砂輸送に関する長期観測およびWEPPの検証、水工学論文集、52、pp.577-582、2008.

大澤和敏、久保田龍三朗、池田駿介、赤松良久、乃田啓吾:八重山地方沿岸域における降雨に伴う土砂・栄養塩動態の現地観測、地球環境研究論文集、17、pp.53-59、2009.

大澤和敏、酒井一人、池田駿介:WEPPモデルによる土壌侵食・土砂流出解析、農業農村工学会誌、81(12)、pp.13-16、2013.

大見謝辰男:沖縄県の赤土汚濁の調査研究（第2報）、沖縄県衛生環境研究所報、20、pp.100-112、1986.

大見謝辰男：SPSS 簡易測定法とその解説、沖縄県衛生環境研究所報、37、pp.99-104、2003．
勝山勝英：濁度計の粒径依存特性と現地使用方法に関する考察、土木学会論文集、698/II-58、pp.93-98、2002．
狩野徳太郎：『農業土木講座第3（管理・土壌・地質）』、p.258、朝倉書店、1960．
気象庁：海洋観測指針、1999．
工藤将志、大澤和敏、菅　和利、佐藤航太郎、池田駿介：パラオ共和国ガリキル川流域での土地開発に伴う土砂流出の現地観測および解析、土木学会論文集B1（水工学）、69、4、pp.937-942、2013．
建設省河川局：河川水質試験方法（案）、1997．
合田　健：『水質工学　基礎編』、丸善、1975．
酒井一人、吉永安俊、島田正志、翁長謙良：浮遊土砂濃度と河川流量の関係から考察する沖縄県における浮遊土砂流出特性、農業土木学会論文集、208、pp.165-172、2000．
永田　俊、宮島利宏編：『流域環境評価と安定同位体』、京都大学学術出版会、2008．
西村　拓：精密土壌・環境保全のための数値予測方法、農業土木学会誌、66(9)、pp.933-939、1998．
宮崎　毅、西村　拓編：『土壌物理実験法』、東京大学出版会、p.209、2011．
和田英太郎：『地球生態学』、岩波書店、2002．

## コラム2

## 中高生向けの土壌侵食実験

　研究者が得た知識や技術は論文や本によって出版するだけではなく、広く社会に知ってもらう必要がある。特に、物質循環やその保全については影響が長期にわたって継続するため、若い世代に伝える必要性が大きい。私は大学教員という職業柄、高校に出前講義に出かけることが多くある。その際、沖縄の赤土流出問題を事例に挙げ、土壌侵食の実験を生徒と一緒に行い、侵食の実態や保全効果を実感してもらった。

　実験のやり方はとても簡単で、園芸用のプランターに土を詰め（畑を想定）、雨を模したシャワーを土に浴びせ、濁った水を採取する。その後、落葉などで土の表面を覆い、もう一度、シャワーを浴びせるとマルチング効果で流出した水は先ほどよりも濁っていない。どの程度の濁りがあるのかを数値で調べるため、濁度計、透視度計などを用いて濁りの程度を測ってみる。機器を用いなくても、濁った水を蒸発させて残った土の重さを計ってもよい。2つの数値の比を取ることによって侵食がどの程度軽減できるのかを計算し、事前に予想した軽減率と比較する。マルチング以外の対策を考えてもらい、その効果を確かめるのも面白い。このような簡単な実験でも、土や水を保全するということが実感できる。（大澤和敏）

土壌侵食実験の様子（沖縄県立八重山農林高等学校にて）

# 3章

# 河道における土砂栄養塩類動態

## 3.1 河川の有機物・栄養塩動態と河川生態系の関係

### (1) 水・物質動態から見た河川生態系の特徴

　湖沼や沿岸域は、河川水の流入や外洋水の侵入などによる外部（系外）との物質・エネルギーのやり取りに関して、水域内（系内）で物質・エネルギーが循環する割合が比較的高く、それが水域生態系を特徴付けることが多い。一方、河川の生態系は、その場で循環する物質やエネルギーより、河川の流れによって通過（流下）する物質・エネルギーの割合が高い。つまり、湖沼や海域の生態系は物質循環の観点から半閉鎖的であるのに対して、河川生態系を支える物質・エネルギー循環は開放系であり、かつ流れ方向に卓越した物質・エネルギーフローを持つ。また、河川の物質動態は河川流量に強く支配される。洪水時には平水時と比較して大きな流量が流れ、河川水域も拡大する。この流量増加と水域拡大によって、普段河川の水が流れている主流路と洪水時だけ冠水する洪水氾濫原の間で物質輸送が生じ、洪水後の主流路、氾濫原の環境形成に重要な役割を果たす。

　以上のように河川生態系を支える物質動態は、上下流方向の連続性が強く、洪水時には横断方向の交換が生じるという特徴があり、その時空間的な連続性、連結性、変動性を十分に把握する必要がある。陸水生態学の分野では、このような河川の物質動態と生態系の特徴を説明しようとするいくつかの概念が提唱されているが、その主なものとして、上下流方向の連続性を説明する「河川連続体仮説（river continuum concept）」と、洪水による横断方向の連結性を説明する「洪水パルス仮説（flood pulse concept）」について紹介する。

### (2) 河川連続体仮説

　平水時の河川生態系の中での物質・エネルギーの流れと、河川生物相の関係を説明する概念として、河川連続体仮説が知られている（Vannote et al.（1980）、図3.1.1）。河川の上流域は、通常、川幅が狭く、河岸近くまで渓畔林が生い茂っている。このような場所では、上空から降り注ぐ日射の多くが渓畔林に遮蔽され、河川水面まで到達する日射量が少ない。そのため、河川水中の植物プランクトンや付着藻類による有機物生産（光合成）は小さく、渓畔林からの落葉・落枝や河川へ落下した陸上昆虫が水界生態系の主なエネルギー源となる。そのため、河川の水生昆虫としては、落葉や落枝を破砕して捕食する摂食機能群を持つ破砕食者

## 3.1 河川の有機物・栄養塩動態と河川生態系の関係

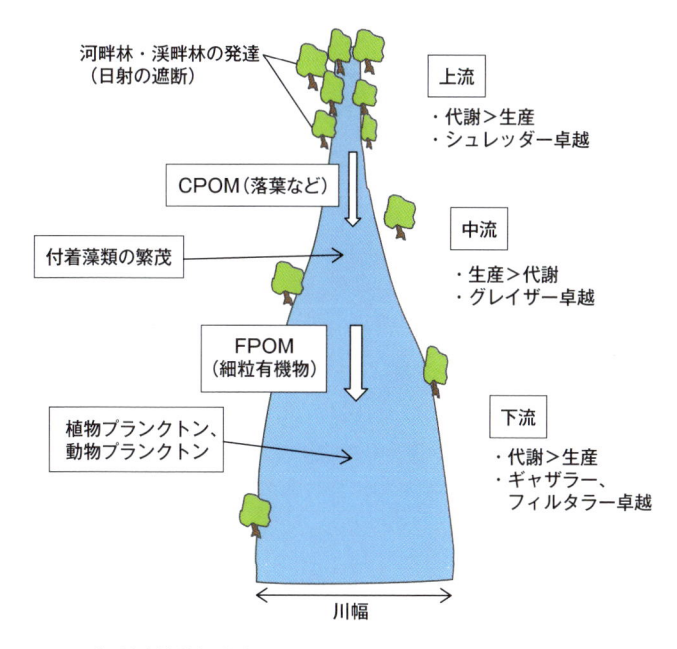

図3.1.1 河川連続体仮説（Vannote et al.（1980）をもとに作図）

（シュレッダー）が優占する。

河川の中流域になると、上流域と比較して川幅が広くなり、渓畔林による日射の遮断は見られなくなる。河床材料は砂礫などが中心で、水深はまだあまり大きくないため、河川水面から水中へ入射した日射は河床まで十分に到達できる。そのため、中流域では河床礫の表面には付着藻類が繁茂するようになり、水生昆虫としては河床に付着した藻類をはぎ取って食べる刈取食者（グレイザー）が優占するようになる。

河川下流域では、川幅のさらなる増加とともに、河川水深が増加し、水表面から入射した日射は河床に到達する前に減衰する。そのため、水域内での主な有機物生産者は水中に浮遊する植物プランクトンになる。また下流域では、上流域でシュレッダーなどに破砕された有機物、中流域で生息していた付着藻類の剥離物といった流下有機物量が増加する。そのため、水生昆虫群落としては、浮遊している有機物や、河床に堆積した有機物を収集する堆積物食者（ギャザラー）や、有機物を濾し取って食べる濾過食者（フィルタラー）が卓越するようになる。

このような河川上下流方向での有機物動態や生物群集の違いによって、河川生態系内での物質変換機能が変化する。例えば、水域の有機物生産量（production）と代謝量（respiration）を比較した生産/代謝比（P/R比）は、河川上流域では小さく、中流域で大きくなり、下流域で小さくなるといわれている。また、水生生物のエネルギー源である粒子態有機物は流下に伴って破砕・分解されるため、粗粒有機物（Coarse Particulate Organic Matter、CPOM）と細粒有機物（Fine Particulate Organic Matter、FPOM）の存在比を表すCPOM/FPOM比は上流から下流に向かって小さくなるといわれている（図 3.1.2）。

河川連続体仮説は、ダムや堰といった横断工作物の効果が入っていないこと、洪水による影響が考慮されていないことなど、相当に理想化された状況下での仮説であるが、河川の縦断方向の物質・エネルギーフローと河川生態系の関係を大局的に理解するために重要な概念である。

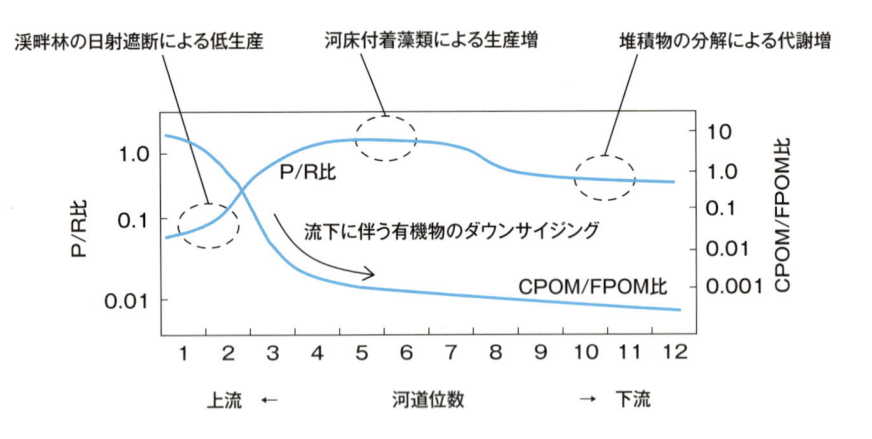

図 3.1.2　河川連続体仮説に基づいた生産/代謝比（P/R比）、粗粒有機物/細粒有機物比（CPOM/FPOM比）の流程分布（Vannote et al. (1980) をもとに作図）

### （3）洪水パルス仮説

ヘロドトスがその著作・歴史に「エジプトはナイルの賜物」と記したように、古来より河川の氾濫は氾濫原の環境形成に重要な役割を果たしてきた。河川洪水は河川水域の生態系の破壊・更新を促し、また、洪水後には次のステージの環

境基盤が形成される。河川生態系の中で洪水が果たす役割を述べた概念として、Junk et al. (1989) の提唱した洪水パルス仮説が知られている (図3.1.3)。洪水パルス仮説では、大小様々な規模を持つ洪水パルスが、河川の有機物生産量の増加、主流路−氾濫原間の横断方向物質交換の主たる引き金となることを主張する。流量変動に伴って水・陸の境界線が移動し、洪水の増水期には、それまでの非洪水期に氾濫原土壌中で分解された栄養塩や氾濫原植物からのリターが河川水に負荷され、河川水域内の生産能を高めるといわれている。また、ダムや堤防建設といった人為的な河川管理・河道改修は、洪水パルスの性質を変えることによって、河川生態系に影響を与える。

河川連続体仮説、洪水パルス仮説は、それぞれ河川の物質循環の特徴を上下流方向および横断方向の連続性・連結性から説明している。また、生態系のエネルギー源をそれぞれ上流の渓畔林・河川水内生産有機物および横断方向の冠水による氾濫原に求めて説明した概念といえる。

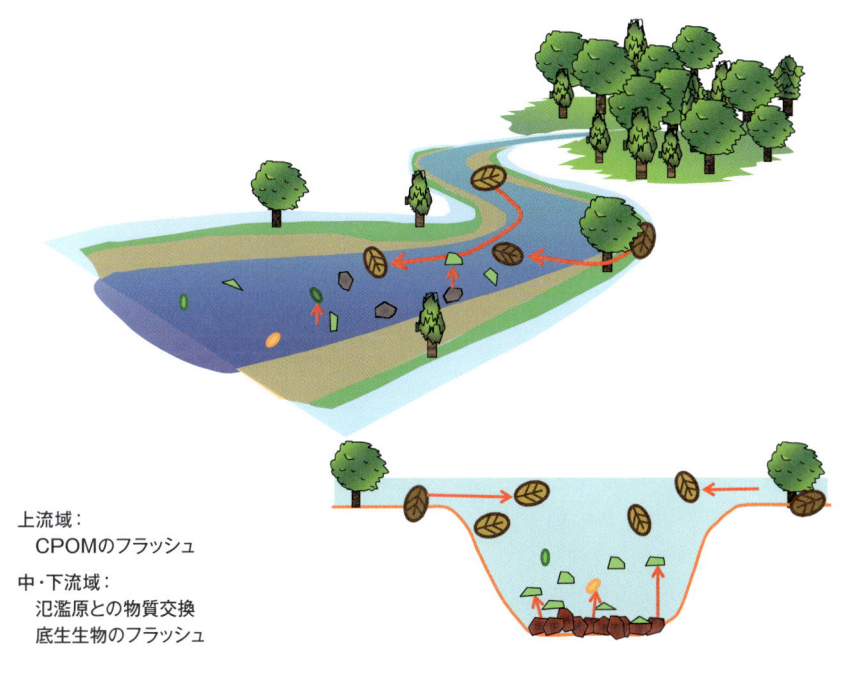

上流域：
　CPOMのフラッシュ
中・下流域：
　氾濫原との物質交換
　底生生物のフラッシュ

図3.1.3　洪水パルス仮説 (Junk et al. (1989) をもとに作図)

## 3.2 河川の自浄作用

### (1) 河川流下に伴う物質動態

　河川は陸域と海域を繋ぐ水・物質フローの主要経路の一つであり、陸域で繰り広げられる様々な人間活動や自然由来の様々な物質負荷が河川へと流れ込む。これら負荷された物質が河川を流下していく中で、様々な物理・化学・生物的作用を受け、その濃度や物質輸送量が変化していく。河川内で物質濃度が変化する主な仕組みについては、希釈、沈殿、ろ過、大気との交換（曝気、溶出）、吸着、凝集、酸化・還元、微生物による吸収・酸化・分解・合成、植物の光合成による吸収などが挙げられる。これらの相互作用系によって河川に負荷された汚濁物質の濃度が流下に伴って低減する効果を河川の自浄作用と呼ぶ。

### (2) 河川の自浄作用に関する古典的理論　～ Streeter-Phelps の式～

　複雑な相互作用系である河川の物質動態から、微生物による有機分解・酸素消費と大気との交換（曝気）のみを切り出して考察してみる。河川の流下に伴う有機物濃度（ここでは BOD で表す）、溶存酸素濃度（DO）の流下方向変化を以下の一次元収支式で表す。

$$V\frac{d\,BOD}{d\,x} = -k_b BOD - k_p BOD + L_B \quad (3.2.1)$$

$$V\frac{d\,DO}{d\,x} = -k_b BOD - k_r(DO^* - DO) - L_D \quad (3.2.2)$$

ここに、$V$ は河川流の断面平均流速、BOD は BOD 濃度、DO は DO 濃度、$x$ は流下距離、$k_b$ は生物活動による酸素消費速度、$k_p$ は物理・化学的作用による BOD 除去速度、$L_B$ は BOD 負荷量、$k_r$ は再曝気係数、$DO^*$ は飽和溶存酸素濃度、$L_D$ は生物反応以外の酸素消費量である。式 (3.2.1)、(3.2.2) は、境界条件として $x = 0$ における濃度を $BOD = BOD_0$、$DO = DO_0$ とすると、次の解析解が得られる。

$$BOD = \frac{L_B}{k_b + k_p} + \left(BOD_0 - \frac{L_B}{k_b + k_p}\right)\exp\left(-\frac{k_b + k_p}{V}x\right) \quad (3.2.3)$$

## 3.2 河川の自浄作用

$$DO = DO_0 \exp\left(-\frac{k_r}{V}x\right) + \left(DO* - \frac{L_B}{k_b+k_p}\frac{k_b}{k_r} - \frac{L_D}{k_r}\right)\left\{1 - \exp\left(-\frac{k_r}{V}x\right)\right\}$$
$$+ \frac{k_b}{k_b+k_p-k_r}\left(BOD_0 - \frac{L_B}{k_b+k_p}\right)\left\{\exp\left(-\frac{k_b+k_p}{V}x\right) - \exp\left(-\frac{k_r}{V}x\right)\right\} \quad (3.2.4)$$

上記の解の中で物理・化学的作用による BOD 除去 ($k_p$)、生物反応以外の酸素消費 ($L_D$) がなく、考えている区間内で BOD 負荷 ($L_B$) がないとした場合の解が次に示す Streeter–Phelps の式である。

$$BOD = BOD_0 \exp\left(-\frac{k_b}{V}x\right) \quad (3.2.5)$$

$$DO - DO* = (DO_0 - DO*)\exp\left(-\frac{k_r}{V}x\right)$$
$$+ \frac{k_b}{k_b+k_r}BOD_0\left\{\exp\left(-\frac{k_b}{V}x\right) - \exp\left(-\frac{k_r}{V}x\right)\right\} \quad (3.2.6)$$

Streeter–Phelps の式で表現される DO、BOD の流下に伴う挙動を図示したものが図 3.2.1 である。この図に示されるように、溶存酸素はまずは水中の BOD 分解のため消費され一時減少するが、その後再曝気により回復する。このような DO

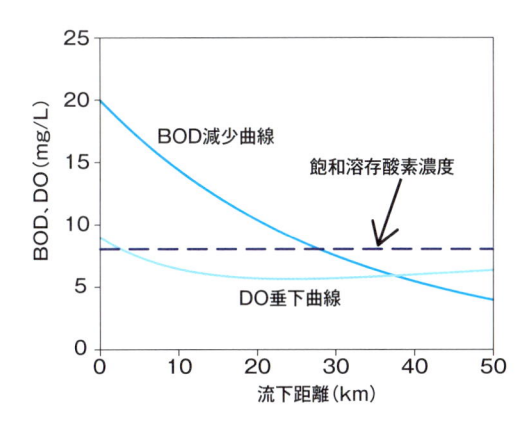

図 3.2.1　Streeter–Phelps の式による BOD、DO の流程変化の計算例
（流入 BOD 濃度：20mg/L、流入 DO 濃度：9mg/L、飽和溶存酸素濃度：8mg/L）

の減少・再上昇過程を示す曲線は DO 垂下曲線（DO sag curve）と呼ばれる。DO 垂下曲線には最大酸素不足点と呼ばれる最も DO 濃度が低下する極小値が存在する。最大酸素不足点が現れる場所やそこでの DO 値については、式 (3.2.6) において $dDO/dx = 0$ とすることにより容易に求めることができる。それらは再曝気係数 $k_r$ と生物活動による酸素消費速度 $k_b$ の比に強く支配され、この比 $F = k_r/k_b$ は自浄係数と呼ばれる。

### (3) 礫床河川における浄化作用の定式化

Streeter–Phelps の式は河川の自浄作用の特徴を理解するために有効なモデルであるが、河川内で生じる複雑な物質動態の中から有機物分解と酸素消費に関わる主要なプロセスのみを切り出して取り扱っているため、実河川の現象を定量的に評価するにはより現実的な物質循環を考慮した自浄作用の定式化が必要となる。ここでは礫床河川を対象とし、図 3.2.2 に示すような物質循環を考慮した自浄作用の定式化を紹介する。

水・物質循環系を健全に評価できるモデルを構築するためには、生物中の炭素、酸素等の元素構成率を特定し、光合成・成長・代謝による化学反応を定式化する必要がある。例えば、河川内の生物相、有機物すべてに対して Gloyna (1968) が提案する組成式を用いて、各種の生物活動による物質量の増減を以下の化学反応式で表す。

・藻類の光合成

$$106CO_2 + 80.5H_2O + 16HNO_3 + H_3PO_4 \\ \rightarrow C_{106}H_{180}O_{45}N_{16}P + 149.75O_2 \tag{3.2.7}$$

・付着性他栄養生物の成長

$$C_{106}H_{180}O_{45}N_{16}P + (1-\sigma)149.75O_2 \rightarrow \sigma C_{106}H_{180}O_{45}N_{16}P \\ + (1-\sigma)(106CO_2 + 80.5H_2O + 16HNO_3 + H_3PO_4) \tag{3.2.8}$$

・生物の代謝・分解

$$C_{106}H_{180}O_{45}N_{16}P + 149.75O_2 \\ \rightarrow 106CO_2 + 80.5H_2O + 16HNO_3 + H_3PO_4 \tag{3.2.9}$$

3.2 河川の自浄作用

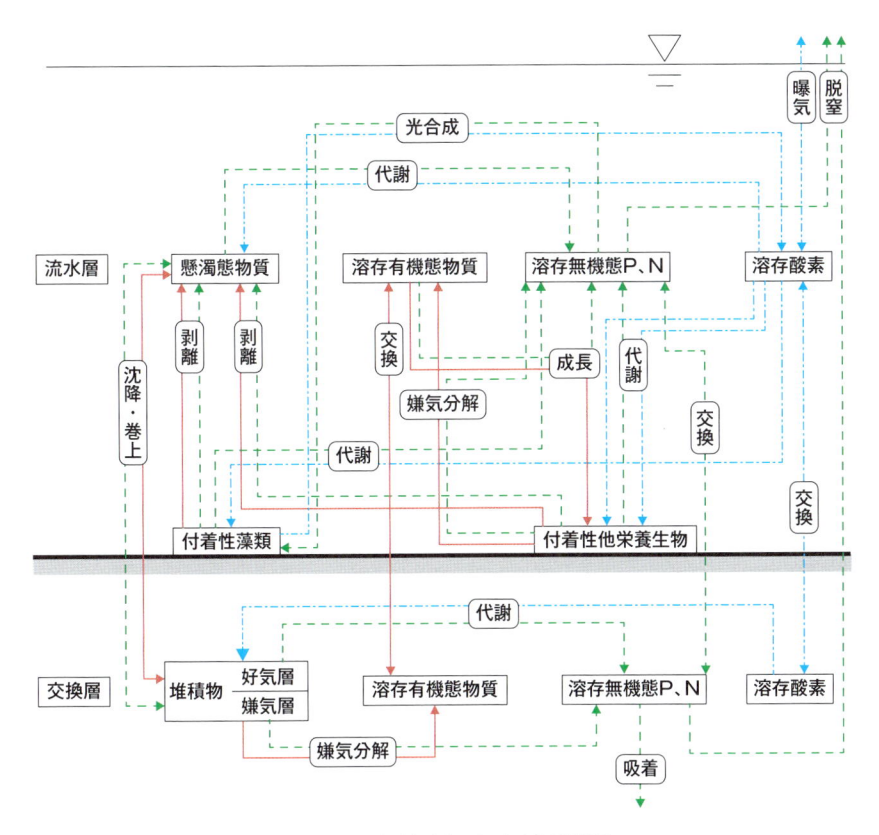

図 3.2.2　礫床河川における物質循環

ここに、$\sigma$ は収率である。以上の化学反応式を用いると、表 3.2.1 のように生物中の元素の構成比や生物活動に伴う物質の取り込み率が決定できる。

図 3.2.2 で示された各物質の輸送を定式化する。生物の生理活動に関しては、川島・鈴木 (1984) に従ってモデル化を行っている。生物活動・化学反応を表すモデルでは、多くの係数に次元量が用いられているので、式 (3.2.10) 〜 (3.2.30) の変数については単位を付けて示している。また河川の流れに関しては、矩形断面の等流状態を仮定している。

59

表 3.2.1　生物の元素構成比と生物活動に伴う元素使用率

| バイオマス中 C 含有量 | $\alpha_C = \dfrac{106C}{C_{106} H_{180} O_{45} N_{16} P} = 0.524$ |
|---|---|
| バイオマス中 N 含有量 | $\alpha_N = \dfrac{16N}{C_{106} H_{180} O_{45} N_{16} P} = 0.092$ |
| バイオマス中 P 含有量 | $\alpha_P = \dfrac{P}{C_{106} H_{180} O_{45} N_{16} P} = 0.013$ |
| 光合成による酸素放出率 | $\alpha_{OA} = \dfrac{149.75 O_2}{C_{106} H_{180} O_{45} N_{16} P} = 1.975$ |
| 代謝・分解による酸素消費率 | $\alpha_{OR} = \dfrac{149.75 O_2}{C_{106} H_{180} O_{45} N_{16} P} = 1.975$ |
| 他栄養生物の成長による酸素消費率 | $\alpha_{OG} = \dfrac{1-\sigma}{\sigma} \dfrac{149.75 O_2}{C_{106} H_{180} O_{45} N_{16} P} = \dfrac{1-\sigma}{\sigma} \alpha_{OR}$ |

## 1）河床付着性生物・堆積物

### ・付着性藻類

付着性藻類現存量 $A$（g/m²）の変化は次式によって表される。

$$\frac{dA}{dt} = G_A - h_A A - k_{ae} A \qquad (3.2.10)$$

ここに、$h_A$ は藻類の剥離速度（s⁻¹）、$k_{ae}$ は代謝速度（s⁻¹）である。左辺第1項は光合成による増殖、第2項は剥離による減少、第3項は代謝・分解に伴う減少を表している。

光合成による増殖について、付着性藻類の現存量が一定量以上に達すると、付着性藻類の下層まで十分な光が届かなくなる。よって、十分に光の到達する層（ここでは、生産層と称す）にいる藻類のみが成長に寄与する（川島・鈴木（1984））ものとして、以下の式で表す。

$$G_A = \begin{cases} \mu_A\ A & : A \le A_S \\ \mu_A\ A_S & : A > A_S \end{cases} \qquad (3.2.11)$$

ここに、$\mu_A$ は藻類の比増殖速度($s^{-1}$)、$A_S$ は生産層内藻類量($g/m^2$)である。

比増殖速度は日射量、栄養塩濃度による制約を受けるものとし、その制約はMonod型に従う(川島・鈴木(1984))として、

$$\mu_A = \frac{L_b}{L_S + L_b} \frac{N}{N_S + N} \frac{P}{P_S + P} \mu_{A\max} 1.047^{(T-20)} \quad (3.2.12)$$

で表す。ここに、$L_b$ は河床日射量($W/m^2$)、$N$ は流水層水中硝酸態窒素濃度($g/m^3$)、$P$ は流水層水中リン酸態リン濃度($g/m^3$)、$L_S$ は飽和日射量($W/m^2$)、$N_S$ は飽和硝酸態窒素濃度($g/m^3$)、$P_S$ は飽和リン酸態リン濃度($g/m^3$)、$\mu_{A\max}$ は藻類の最大比増殖速度($s^{-1}$)、$T$ は水温(℃)である。水温が一次生産速度に与える影響については、指数型の関数で表現している。

河床日射量は懸濁態物質による散乱・吸光を考慮して(川島・鈴木(1986))

$$L_b = L \exp\{-(0.28SS + 0.68)H\} \quad (3.2.13)$$

と表される。ここに、$SS$ は懸濁態物質濃度($g/m^3$)、$H$ は水深(m)、$L$ は水中に透過する日射量($W/m^2$)である。

代謝速度は溶存酸素量を制約因子とし、その制約はMonod型に従う(川島・鈴木(1984))ものとして次式で表す。

$$k_{ae} = \frac{DO}{DO_S + DO} k_{ae\max} 1.047^{(T-20)} \quad (3.2.14)$$

ここに、$k_{ae\max}$ は最大代謝速度($s^{-1}$)、$DO$ は流水層水中溶存酸素濃度($g/m^3$)、$DO_S$ は代謝に関する飽和溶存酸素濃度($g/m^3$)である。以下、生物の代謝・分解速度はすべて式(3.2.14)に従うものと仮定して取り扱うこととする。

・付着性他栄養生物

付着性他栄養生物現存量 $Het$($g/m^2$)の変化は次式によって表される。

$$\frac{d(Het)}{dt} = G_H - h_H Het - k_{ae} Het_A - k_{an}(Het - Het_A) \quad (3.2.15)$$

ここに、$h_H$ は付着性他栄養生物の剥離速度($s^{-1}$)、$Het_A$ は好気層付着性他栄養生物量($g/m^2$)、$k_{an}$ は嫌気分解速度($s^{-1}$)である。右辺第1項は成長による

増加、第 2 項は剥離による減少、第 3 項は好気分解、第 4 項は嫌気分解による減少を表す。

　成長による増加については、一定量以上成長すると下層に栄養分（有機物）が供給されなくなる（鈴木・川島（1984））ものとして、

$$G_H = \begin{cases} \mu_H \ Het & : Het \leq Het_S \\ \mu_H \ Het_S & : Het > Het_S \end{cases} \quad (3.2.16)$$

と表す。ここに、$\mu_H$ は付着性他栄養生物の比増殖速度（$s^{-1}$）、$Het_S$ は有栄養層内他栄養生物量（$g/m^2$）である。

　比増殖速度は、栄養分となる溶存態有機炭素濃度に制約される（川島・鈴木（1984））として

$$\mu_H = \frac{DOC}{DOC_S + DOC} \mu_{H\max} 1.047^{(T-20)} \quad (3.2.17)$$

とする。ここに、$DOC$ は流水層内溶存態有機炭素濃度（$g/m^3$）、$DOC_S$ は飽和溶存態有機炭素濃度（$g/m^3$）、$\mu_{H\max}$ は付着性他栄養生物の最大比増殖速度（$s^{-1}$）である。

　好気層付着性他栄養生物量は

$$Het_A = \begin{cases} Het & : Het \leq Het_{AS} \\ Het_{AS} & : Het > Het_{AS} \end{cases} \quad (3.2.18)$$

と表す。ここに、$Het_{AS}$ は好気層他栄養生物限界量（$g/m^2$）である。

・堆積物

　堆積物量 $Se$（$g/m^2$）の変化は、次式で表されるものとする。

$$\frac{d(Se)}{dt} = Dep - Ero - r_{dec} \quad (3.2.19)$$

ここに、$Dep$ は沈降量（$g/m^2/s$）、$Ero$ は巻き上げ量（$g/m^2/s$）、$r_{dec}$ は好気・嫌気分解量（$g/m^2/s$）である。右辺第 1 項は懸濁態物質の沈降による増加、第 2 項は堆積物の巻き上げによる減少、第 3 項は好気・嫌気分解による減少を表す。

好気・嫌気分解量は

$$r_{dec} = \begin{cases} k_{ae}Se & :Se \leq Se_{AS} \\ k_{ae}Se_{AS} + k_{an}(Se - Se_{AS}) & :Se > Se_{AS} \end{cases} \quad (3.2.20)$$

と表される（鈴木・川島（1984））。ここに、$Se_{AS}$ は好気層堆積物限界量（g/m$^2$）である。

## 2）流水層中の物質

### ・懸濁態物質

流水層中の懸濁態物質濃度 $SS$（g/m$^3$）の変化は次式で表される。

$$\frac{\partial(SS)}{\partial t} + V_S\frac{\partial(SS)}{\partial x} = \frac{1}{H}(-Dep + Ero) - k_{ae}SS + \frac{h_A}{H}A + \frac{h_H}{H}Het + \frac{\partial}{\partial x}\left\{Dis\frac{\partial(SS)}{\partial x}\right\} \quad (3.2.21)$$

ここに、$V_S$ は流水層断面平均流速（m/s）、$Dis$ は流水層縦分散係数（m$^2$/s）、$H$ は水深（m）である。右辺第1項は沈降・巻き上げによる増減、第2項は代謝・分解に伴う減少、第3、4項は付着性藻類および付着性他栄養生物の剥離による増加、第5項は分散を表す。

### ・溶存態有機炭素

溶存態有機炭素濃度 $DOC$（g/m$^3$）の変化は次式で表される。

$$\frac{\partial(DOC)}{\partial t} + V_S\frac{\partial(DOC)}{\partial x} = \frac{1}{\sigma}\frac{\alpha_C}{H}G_H + \frac{\alpha_C}{H}k_{an}(Het - Het_A) + \frac{\partial}{\partial x}\left\{Dis\frac{\partial(DOC)}{\partial x}\right\} + \frac{\lambda_A}{H}J_{DOC} \quad (3.2.22)$$

ここに、$\lambda_A$ は河床有効交換面積率、$J_{DOC}$ は流水層と交換層間の溶存態有機炭素交換量（g/m$^2$/s）である。右辺第1項は付着性他栄養生物の増殖による取り込み、第2項は嫌気分解による負荷、第3項は分散、第4項は河床交換層との交換を表している。

3章 河道における土砂栄養塩類動態

・硝酸態窒素

硝酸態窒素濃度 $N$ (g/m$^3$) の変化は次式で表される。

$$\frac{\partial N}{\partial t} + V_S \frac{\partial N}{\partial x} = -\frac{\alpha_N}{H} G_A + \frac{1-\sigma}{\sigma} \frac{\alpha_N}{H} G_H$$
$$+ \frac{\alpha_N}{H} k_{ae}(A + Het_A + SSH) + \frac{\alpha_N}{H} k_{an}(Het - Het_A) \quad (3.2.23)$$
$$- \frac{\alpha_{ND}}{H} k_{dn}(Het - Het_A) + \frac{\partial}{\partial x}\left(Dis \frac{\partial N}{\partial x}\right) + \frac{\lambda_A}{H} J_N$$

ここに、$k_{dn}$ は脱窒速度（s$^{-1}$）、$\alpha_{ND}$ は脱窒に伴う硝酸態窒素消費率、$J_N$ は硝酸態窒素の河床との交換量（g/m$^2$/s）である。右辺第1項は付着性藻類の増殖による取り込み、第2項は他栄養生物の増殖に伴う負荷、第3項は代謝・分解による負荷、第4項は嫌気分解による負荷、第5項は脱窒、第6項は分散、第7項は河床との交換を表す。

・リン酸態リン

リン酸態リン濃度 $P$ (g/m$^3$) の変化は次式で表される。

$$\frac{\partial P}{\partial t} + V_S \frac{\partial P}{\partial x} = -\frac{\alpha_P}{H} G_A + \frac{1-\sigma}{\sigma} \frac{\alpha_P}{H} G_H + \frac{\alpha_p}{H} k_{ae}(A + Het_A + SSH)$$
$$+ \frac{\alpha_P}{H} k_{an}(Het - Het_A) + \frac{\partial}{\partial x}\left(Dis \frac{\partial P}{\partial x}\right) + \frac{\lambda_A}{H} J_P \quad (3.2.24)$$

ここに、$J_P$ は流水層と交換層間のリン酸態リン交換量（g/m$^2$/s）である。右辺第1項は付着性藻類の増殖による取り込み、第2項は他栄養生物の増殖に伴う負荷、第3項は代謝・分解による負荷、第4項は嫌気分解による負荷、第5項は分散、第6項は河床との交換を表す。

・溶存酸素

溶存酸素濃度 $DO$ (g/m$^3$) の変化は次式で表される。

$$\frac{\partial (DO)}{\partial t} + V_S \frac{\partial (DO)}{\partial x} = \frac{K_L}{H}(DO^* - DO) + \frac{\alpha_{OA}}{H} G_A - \frac{\alpha_{OG}}{H} G_H$$
$$- \frac{\alpha_{OR}}{H} k_{ae}(A + Het_A + SSH) + \frac{\partial}{\partial x}\left\{\frac{\partial (DO)}{\partial x}\right\} + \frac{\lambda_A}{H} J_{DO} \quad (3.2.25)$$

ここに、$K_L$ は再曝気係数（m/s）、$DO^*$ は飽和溶存酸素量（g/m³）、$J_{DO}$ は溶存酸素の河床との交換量（g/m²/s）である。右辺第 1 項は再曝気、第 2 項は光合成による生産、第 3 項は成長による取り込み、第 4 項は代謝・分解による取り込み、第 5 項は分散、第 6 項は河床との交換を表す。

3）交換層内物質濃度
・溶存態有機炭素

交換層内における溶存態有機炭素濃度 $DOC_G$（g/m³）の変化は次式によって表される。

$$\frac{\partial(DOC_G)}{\partial t} + V_G\frac{\partial(DOC_G)}{\partial x} = \frac{\alpha_C}{\lambda Y}k_{an}(Se - Se_A) \\ + \frac{\partial}{\partial x}\left\{Dis_G\frac{\partial(DOC_G)}{\partial x}\right\} - \frac{\lambda_A}{\lambda Y}J_{DOC} \tag{3.2.26}$$

ここに、$V_G$ は交換層平均（真の）流速、$Dis_G$ は交換層内縦分散係数（m²/s）、$Y$ は交換層厚さ（m）、$\lambda$ は間隙率、$Se_A$ は好気層堆積物量（g/m²）である。右辺第 1 項は嫌気分解、第 2 項は分散、第 3 項は流水層との交換を表す。

好気層他栄養生物量は

$$Se_A = \begin{cases} Se & :Se \leq Se_{AS} \\ Se_{AS} & :Se > Se_{AS} \end{cases} \tag{3.2.27}$$

と表す。
・硝酸態窒素

交換層内における硝酸態窒素濃度 $N_G$（g/m³）の変化は次式によって表される。

$$\frac{\partial(N_G)}{\partial t} + V_G\frac{\partial(N_G)}{\partial x} = \frac{\alpha_N}{\lambda Y}r_{dec} - \frac{\alpha_{ND}}{\lambda Y}k_{dn}(Se - Se_A) \\ + \frac{\partial}{\partial x}\left\{Dis_G\frac{\partial(N_G)}{\partial x}\right\} - \frac{\lambda_A}{\lambda Y}J_N \tag{3.2.28}$$

ここに、右辺第 1 項は好気・嫌気分解による負荷、第 2 項は脱窒、第 3 項は

分散、第 4 項は流水層との交換を表している。
・リン酸態リン
リン酸態リン濃度 $P_G$（g/m³）の変化は次式で表される。

$$\frac{\partial(P_G)}{\partial t} + V_G \frac{\partial(P_G)}{\partial x} = \frac{\alpha_P}{\lambda Y} r_{dec} - k_{ad}(P_G)^{0.345} \\ + \frac{\partial}{\partial x}\left\{Dis_G \frac{\partial(P_G)}{\partial x}\right\} - \frac{\lambda_A}{\lambda Y} J_P \quad (3.2.29)$$

ここに、$k_{ad}$ は吸着速度（s⁻¹）である。右辺第 1 項は好気・嫌気分解、第 2 項は吸着、第 3 項は分散、第 4 項は流水層との交換を表す。

・溶存酸素
溶存酸素濃度 $DO_G$（g/m³）の変化は次式で表される。

$$\frac{\partial(DO_G)}{\partial t} + V_G \frac{\partial(DO_G)}{\partial x} = -\frac{\alpha_{OR}}{\lambda Y} k_{ae} Se_A \\ + \frac{\partial}{\partial x}\left\{Dis_G \frac{\partial(DO_G)}{\partial x}\right\} - \frac{\lambda_A}{\lambda Y} J_{DO} \quad (3.2.30)$$

右辺第 1 項は好気性微生物の代謝・分解、第 2 項は分散、第 3 項は流水層との交換を表す。

以上のモデルを用い、実河川での流量、流入物質濃度などの境界条件（多摩川での実測データ）を用いて数値解析を行った結果の一例として、溶存酸素濃度と付着藻類量の時間変化を図 3.2.3 に示した。これらの値の実河川での変化が定量的に再現されている。また、河床材料の礫径を変化させた場合の流下に伴う硝酸態窒素濃度、リン酸態リン濃度の変化を示したのが図 3.2.4 である。河床材料が大きい場合ほど、流下方向への栄養塩濃度の低減が大きくなっている。このことは、河床礫の粒径が大きいほど河床間隙に捕捉される物質量が増加し、これらの物質が河床で生物・化学的な作用を十分に受けるようになり、脱窒・吸着量などが大きくなるためである。

上記の解析結果を用いて、計算河道区間での物質収支構造を表したものが図 3.2.5 である（ここでは代表例として全窒素、全リンの収支を示す）。図 3.2.5 では

3.2 河川の自浄作用

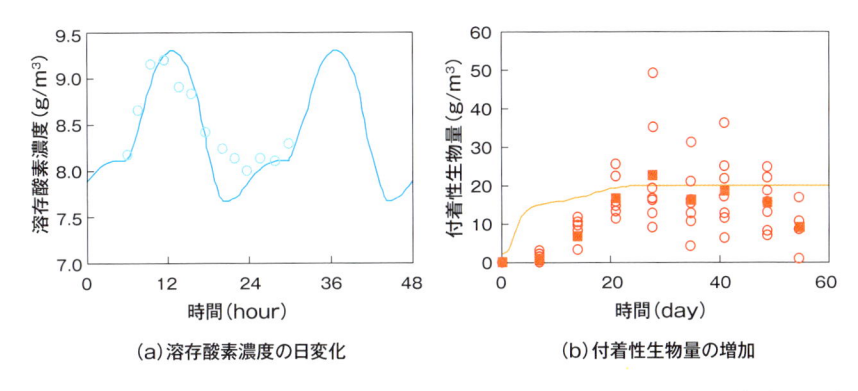

(a) 溶存酸素濃度の日変化

(b) 付着性生物量の増加

図 3.2.3 礫床河川の物質循環解析結果と実測の比較(実線が解析結果、○、■が実測データ)

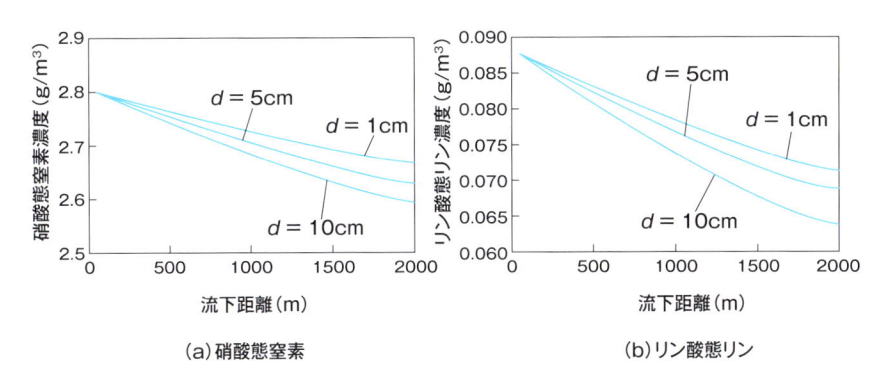

(a) 硝酸態窒素

(b) リン酸態リン

図 3.2.4 異なる河床礫径における栄養塩濃度の流下方向変化

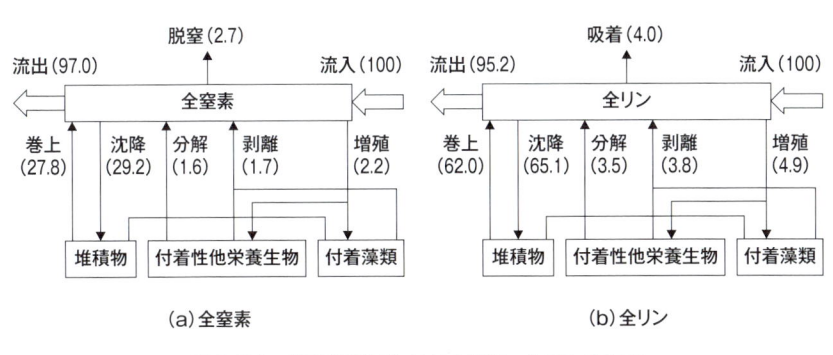

(a) 全窒素

全窒素
流出(97.0) ← 全窒素 ← 流入(100)
脱窒(2.7)
巻上(27.8)、沈降(29.2)、分解(1.6)、剥離(1.7)、増殖(2.2)
堆積物、付着性他栄養生物、付着藻類

(b) 全リン

全リン
流出(95.2) ← 全リン ← 流入(100)
吸着(4.0)
巻上(62.0)、沈降(65.1)、分解(3.5)、剥離(3.8)、増殖(4.9)
堆積物、付着性他栄養生物、付着藻類

図 3.2.5 礫床河川における全窒素、全リンの収支

67

流入する物質フラックスを 100 とした場合の、区間内での内訳を示している。全窒素、全リンともに流入した物質の大部分が流出していることが分かる。

本節で紹介した物質循環解析を含め、わが国の河川を対象とした物質収支解析（例えば川島・鈴木（1986））のほとんどの結果において、脱窒や一次生産による栄養塩除去の割合は、流入する物質量の 1 割以下程度である。このことは、わが国のように比較的急勾配で流路沿長の短い河川では、流入した物質の大部分はそのまま流下することを意味するものであり、滞留時間の長い大陸型河川のような自浄能力は期待されないことを示している。さらに、沖積平野に人口の集中するわが国では、河川中下流部において、小さな自浄能力に比べて大きな負荷が流入する傾向にあり、平水時の水質改善の根本は流域からの流出源抑制によらざるを得ないことを示している。また、このように流下する物質の大部分が流出してしまうという事実は、河川生態系への栄養塩の取り込みの量を実測の物質フラックスの差し引きから間接的に求めることが困難であることを示しており、それを把握するためには、3.5 節で紹介されるような生物による一次生産量そのものを直接計測していく必要があることを示している。

### （4）河川の自濁作用

河川によっては、流下に伴って河川内部で汚濁物質量が増加するような現象も見られ、これを河川の自濁作用と呼ぶ。わが国では 1960 年代より下水道の整備が進められ、有機物汚濁指標としての河川の BOD 値は低下してきたが、1970 年代に入るとあるレベル以上には汚濁のレベルが改善されないなどの事例が報告されるようになった。高度処理を行う処理場以外では、有機物は除去できても栄養塩までは取り除けないため、高濃度の栄養塩が含まれた処理水が河川水中に放流される。それにより、植物プランクトンの増加や付着藻類の生産・剥離が生じることになる。また、ダム直下で流況や河床が安定化した河川では、適当な頻度で付着藻類の剥離・更新が行われず、大型糸状藻類の異常繁茂などが生じることがある（図 3.2.6）。大型の糸状藻類が繁茂すると、藻類群落の内部に日射が届きにくくなり、次第に群落内部の藻類が死滅する。このように死滅した藻類が流水中に剥離することによる自濁現象が生じていることも報告されている。

3.3 瀬と淵の流れ

図 3.2.6　ダム直下河道の河床礫表面に異常繁茂した糸状藻類（田代喬氏提供）

## 3.3 瀬と淵の流れ

### (1) 瀬と淵の流れ・地形的特徴

　自然河川の中には流れが速く水深の小さな「瀬」と流れが緩やかで水深が大きい「淵」という流れ場が見られる（図 3.3.1 および図 3.3.2 に典型的な瀬と淵の流れの様子を示す）。実河川ではこのような瀬と淵が、砂州などの河道地形に対応し

図 3.3.1　瀬の流れの様子　　　　　図 3.3.2　淵の流れの様子

69

て流下方向に交互に現れ（図 3.3.3）、瀬ではアユが餌となる苔を食みとり、淵では魚が休息するなどして、河川の生物相の生息空間を提供する重要な役割を果たしている。瀬、淵という名称が河川生態学の分野から提案され、これらが持つ環境的機能に関して広く注目が集まるようになる以前から、移動床水理学の分野では交互砂州、固定砂州、蛇行（例えば Ikeda and Parker（1989））といった河川形状について数多くの研究がなされてきた。その中で基本的な瀬（早瀬、平瀬）、淵（この名称は使用されていなかったが）の形成過程、形態などは概ね明らかにされている。一方、釣り人たちはアユ釣りのポイントを示すために、慣習的ではあるものの、より詳細な瀬の分類（例えば古川（1994））を行っている。例えば、同じ早瀬の中であっても、水表面の波立ちが激しく空気混入により水面が白み立っているザラ瀬や、水表面の波立ちは顕著なものの、気泡混入が生じていないチャラ瀬などに細分されている。その分類法は厳密なものではないが、釣り人達の経験的知見から、魚類の生活パターンと密接に対応した分類法となっている。このような水表面テクスチャなどに基づいてより局所的に瀬、淵を分類するには、相対水深（河床材料粒径と水深の比）やウェーバー数（表面張力の効果を表す無次元数）などを用いる必要がある。

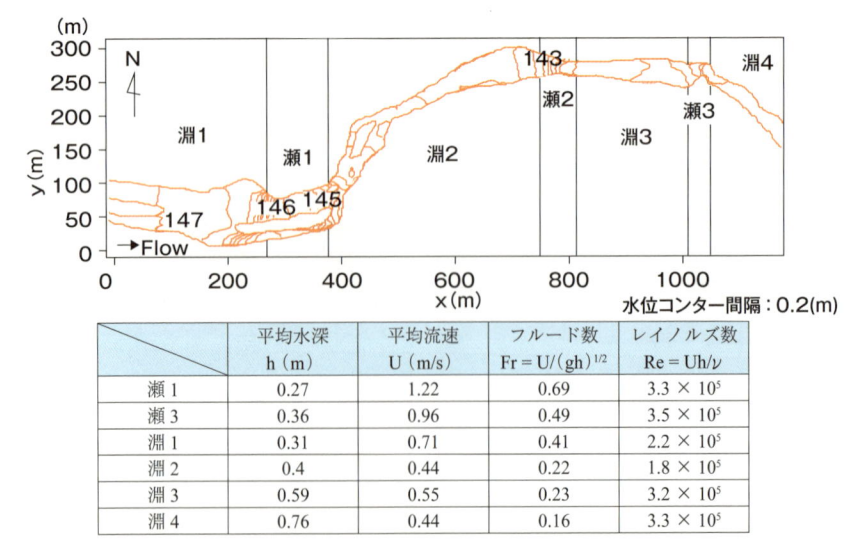

|  | 平均水深<br>h (m) | 平均流速<br>U (m/s) | フルード数<br>$Fr = U/(gh)^{1/2}$ | レイノルズ数<br>$Re = Uh/\nu$ |
|---|---|---|---|---|
| 瀬 1 | 0.27 | 1.22 | 0.69 | $3.3 \times 10^5$ |
| 瀬 3 | 0.36 | 0.96 | 0.49 | $3.5 \times 10^5$ |
| 淵 1 | 0.31 | 0.71 | 0.41 | $2.2 \times 10^5$ |
| 淵 2 | 0.4 | 0.44 | 0.22 | $1.8 \times 10^5$ |
| 淵 3 | 0.59 | 0.55 | 0.23 | $3.2 \times 10^5$ |
| 淵 4 | 0.76 | 0.44 | 0.16 | $3.3 \times 10^5$ |

図 3.3.3　典型的な瀬・淵とその水理量（多摩川 58 〜 59km 付近）

## （2）瀬と淵の環境機能

瀬と淵の流れの様子とそこに現れる様々な環境機能を模式的に表したのが図3.3.4であり、以下のような機能を持つ。

・生息場提供

　前節でも述べたように、瀬と淵により形成される空間的に多様な流れ場は、魚類の採餌場、休息場、洪水の際の避難場など、水生生物の生活史に応じた多様な空間を提供する。生息場提供機能の評価手法については、次項3.3節（3）項で詳述する。

・曝気

　早瀬で見られる白波立った水面は、局所的な跳水による水中への気泡混入により生じている。この気泡混入に伴って大気から水中へと酸素が取り込まれる。

・フィルタリング（粒子態物質の捕捉効果）

　礫床河川では、3.2節（3）項で紹介したように河川の表面を流れる流水層と河床表層付近の交換層との間で物質交換が生じ、流水層を流れている細砂や粒子態有機物などが河床間隙に捕捉される（局所的なフィルタリング効果）。また、瀬と淵が存在すると縦断方向に水面勾配、エネルギー勾配が変化するため、それが駆動力となって河川水の河床への吸い込みや浸透水の河床からの湧き出しが生じる（図3.3.5）。吸い込みが生じる付近では、土砂や粒子態有機物の捕捉が起こる（浸透流構造に対応したフィルタリング）。

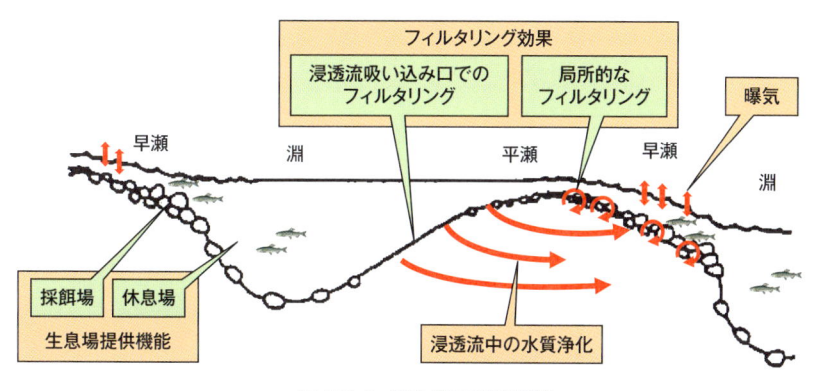

図3.3.4　瀬と淵の環境機能

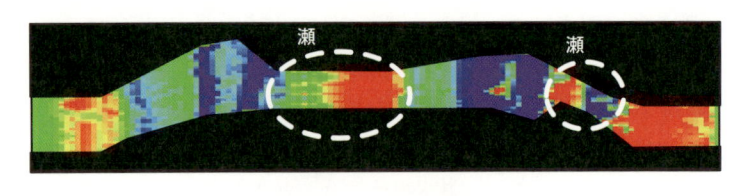

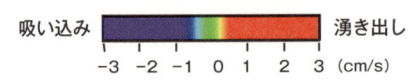

図 3.3.5 瀬・淵構造に対応した浸透流の湧き出し・吸い込み
（多摩川中流部（東京都青梅市、河口より 58 〜 59km 地点）での解析例，戸田ら（2002））

・浸透流による水質浄化

　瀬・淵構造によって生じた浸透流の流速は、流水層の流速と比べ非常にゆっくりとした流れであるため、浸透流中に含まれる溶存態有機物や栄養塩は浸透層の土壌微生物の作用による硝化・脱窒などの水質浄化を受ける。

## （3）生息場適性評価

　河川事業が環境に与える影響について本格的に検討が行われるようになった初期の段階から、瀬と淵の持つ生息場提供機能は注目され、魚類生息場復元のための瀬・淵再生事業が全国の多くの河川で実施された。生息場復元を行う際しては、魚類生態的な観点から適切な生息場が提供できているかを評価する枠組が必要となり、HEP（Habitat Evaluation Procedure）、PHABSIM（Physical HABitat SIMulation）といった生息場適性評価手法が確立している。

　その代表的手法である PHABSIM では、以下の手続きで生息場を評価する。まず、評価対象とする生物種を選定し、流速、水深、河床材料の粒径など、その対象種の生息場として重要となる物理環境要素を抽出する。抽出された要素それぞれについて、各要素の値と生息場としての適性値とを関連付ける関数形を設定する。こうして設定された関数は選好曲線と呼ばれる（図 3.3.6）。実際に生息場評価を行う地点の流速、水深等の物理環境要素を現地調査あるいは数値解析を用いて算出し、選好曲線より適性値を算出し、それらの相乗平均を取るなどして生息場適性評価値を算出する。

　生息場評価は、評価の手続きが論理的に明快であり、流量や河道地形などの環

境変化に対する生息場適性値の変化を数値として示すことが可能である。河川事業を行った際の環境影響評価に適用しやすいなどの利点を持つが、あくまでも場の評価であり、対象種の生息量までは評価できないことに留意する必要がある。

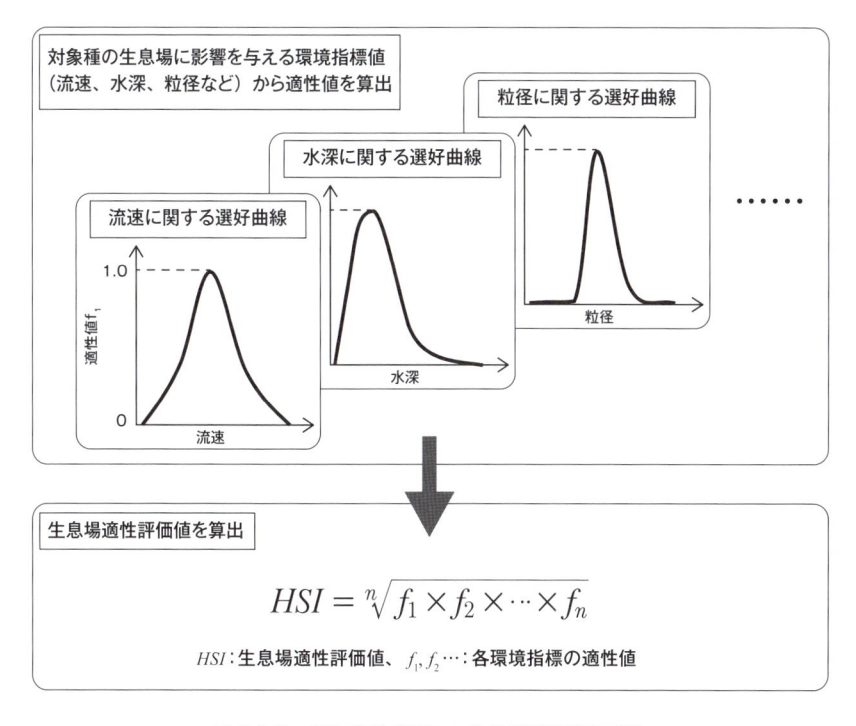

$$HSI = \sqrt[n]{f_1 \times f_2 \times \cdots \times f_n}$$

$HSI$：生息場適性評価値、$f_1, f_2 \cdots$：各環境指標の適性値

図 3.3.6　選好曲線を用いた生息場適性評価手法

## 3.4　低水路と高水敷間の土砂・有機物・栄養塩類の交換機構と環境上の役割

(1) 洪水時の土砂・有機物・栄養塩輸送

　洪水時は短時間に大量の土砂、有機物、栄養塩を輸送する。また、1章1.2節(4)項に記された通り、洪水時の有機物の栄養塩輸送の特性は、溶存態や粒子態といった物質の存在形態によって異なっている。その実例として、図3.4.1に、多

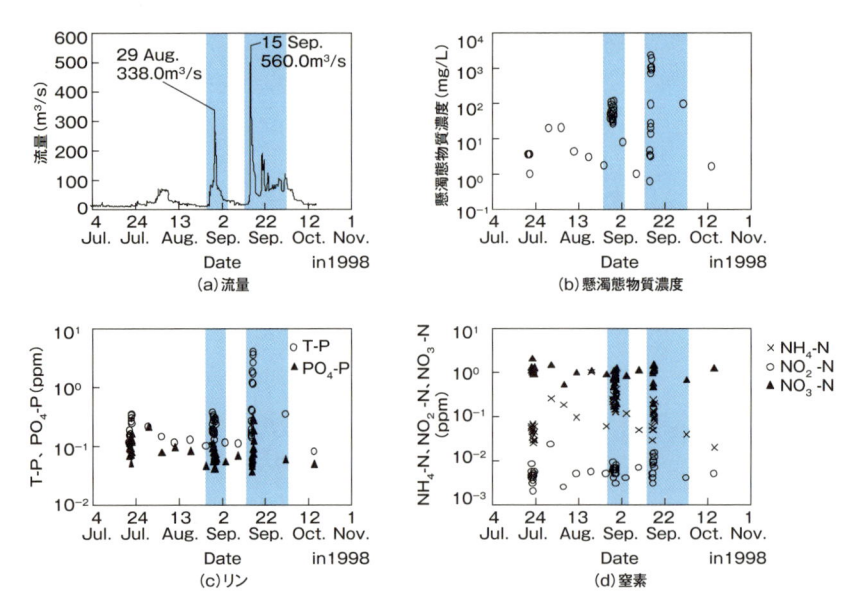

図 3.4.1　洪水を含む期間での河川流量、物質濃度の変化
（多摩川中流部、1998 年、図の水色の期間は洪水による増水期間を示す）

摩川中流部（東京都青梅市、河口より 58 〜 59km 地点）で計測された流量、懸濁態物質濃度、リン（T-P、$PO_4$-P）、溶存態無機窒素（$NH_4$-N、$NO_2$-N、$NO_3$-N）濃度の時間変化を示す。

図 3.4.1 に示されるとおり、流量の増加時には、河川水中の懸濁態物質濃度が平水時の 10mg/L 程度から 100 〜 2,100mg/L 度まで上昇している。リン濃度については、平水時にはリンの大部分がリン酸態リンで存在しており、洪水時には高い全リン濃度が見られ、この違いは粒子態リン濃度の増加によるものである。溶存態栄養塩濃度については、リン、窒素ともに洪水時も平水時と同程度の変動範囲に収まっており、洪水時には粒子態栄養塩の輸送が重要であることが分かる。

（2）洪水による河川氾濫原の栄養塩環境の形成
　洪水流は、氾濫原と河川の間での土砂・物質の交換を引き起こすため、氾濫原の土壌環境に影響を与える。図 3.4.2 は、多摩川中流部（東京都青梅市、河口より 58 〜 59km 地点）における 1999 年の洪水前後の高水敷土壌の粒度分布を示して

## 3.4 低水路と高水敷間の土砂・有機物・栄養塩類の交換機構と環境上の役割

いる。観測対象域の高水敷土壌の50%粒径は、0.1 ～ 50mm 程度の広い範囲に分布しており、空間的に表層土壌の粒径が大きく変化している。洪水前後の粒度分布を比較すると、全体的に1mm以下の細粒分が減少しており、1999年の洪水流によって、高水敷表層土壌中から小さな粒径の成分が流出したことが分かる。図3.4.3 に、高水敷土壌の粒径別の強熱減量、粒子態窒素、粒子態リン含有率を示す。粒径が小さくなるほど、有機物、栄養塩の含有率が高くなっている。図 3.4.4 に、洪水前後における単位面積高水敷土壌中の粒子態リン量、粒子態窒素量を示す。洪水前後を比較すると、多くの地点で高水敷土壌中の栄養塩が減少している。1999年の出水では、高水敷土壌から細かな粒径成分の土砂が流出し、細かな粒径成分の土砂が粗い成分の土砂と比較して多くの栄養塩を含有していたことより、結果として高水敷土壌中の栄養塩量が減少したことが分かる。

　これらの観測は、洪水時の細粒土砂の輸送と粒子態栄養塩の輸送の相関性に着目して、洪水が高水敷栄養塩環境に与える影響を見たものである。しかし、洪水の影響は洪水の規模によって大きく変化する。例えば、比較的大きな洪水が生じた場合には、洪水時の流れによって、高水敷の植物や土砂が流送され、土壌中

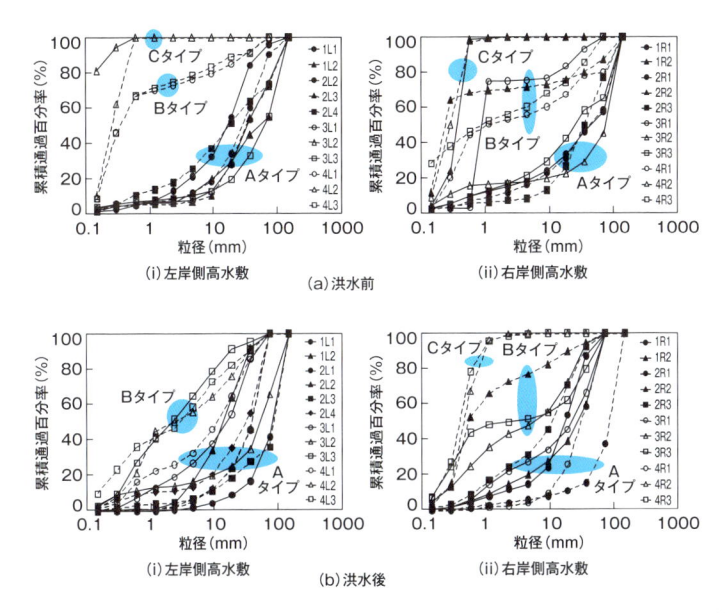

図 3.4.2　洪水前後の高水敷表層土壌の粒度分布の変化（多摩川、戸田ら（2000））

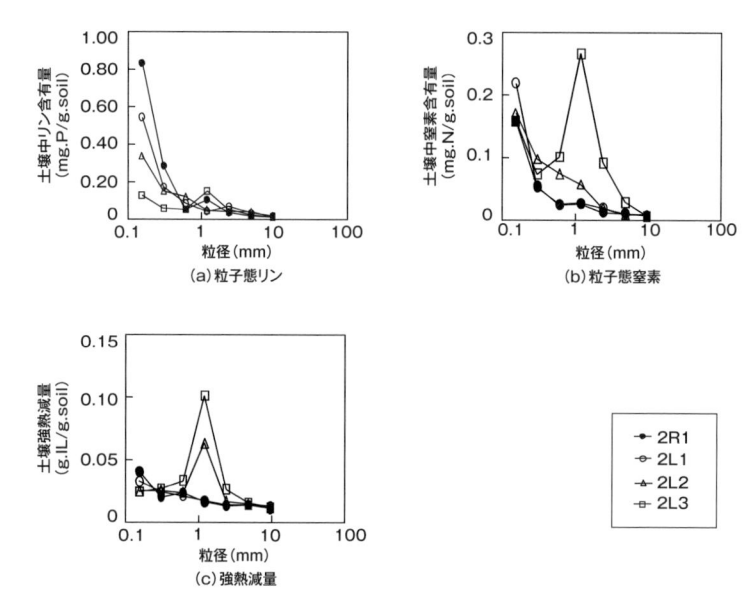

3章 河道における土砂栄養塩類動態

図 3.4.3　土壌中の粒度別栄養塩、有機物含有量（多摩川、戸田ら（2000））

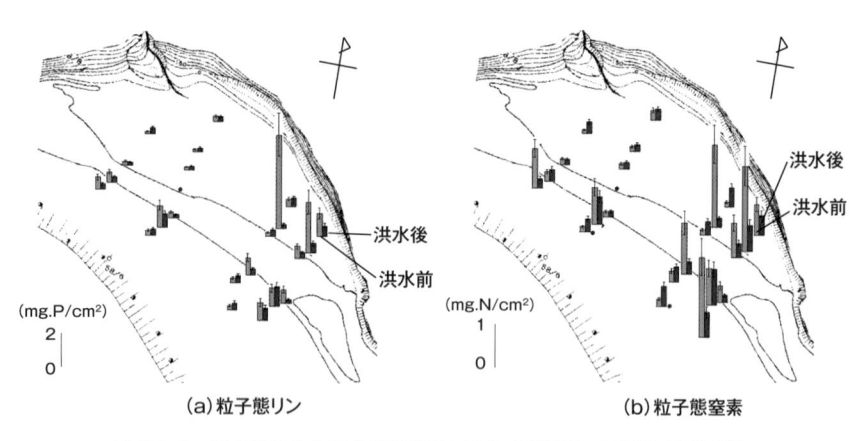

図 3.4.4　洪水前後の土壌中栄養塩量の変化（多摩川、戸田ら（2000））

の有機物や栄養塩が減少し、逆に比較的小さな出水が生じた場合には、地形や植生の効果によって、高水敷土壌中に栄養塩を豊富に含む細粒土砂の堆積が生じ、高水敷土壌中栄養塩量が増加する（図 3.4.5）。

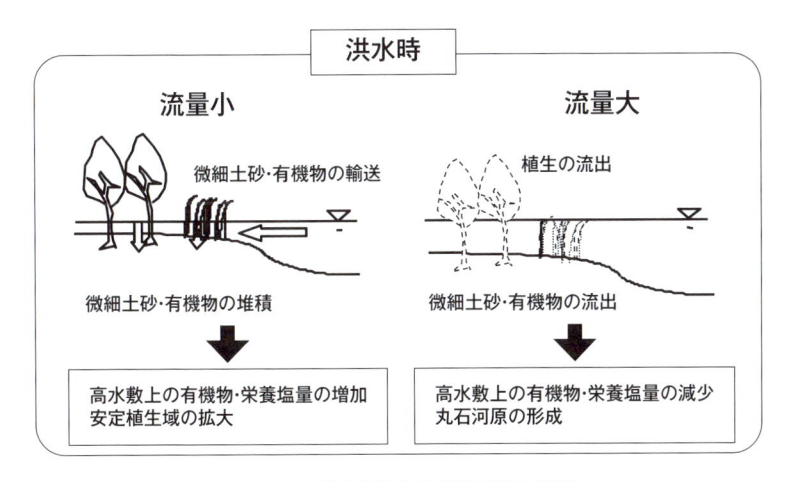

3.4 低水路と高水敷間の土砂・有機物・栄養塩類の交換機構と環境上の役割

図 3.4.5 洪水規模と栄養塩輸送の関係

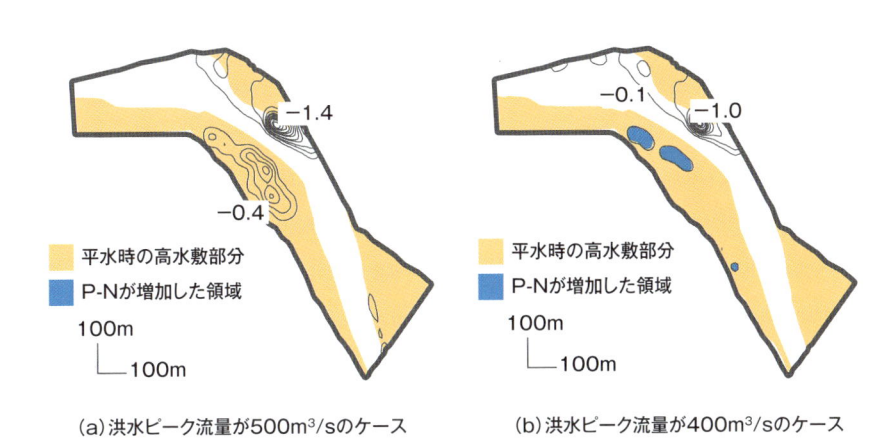

図 3.4.6 洪水ピーク流量の違いによる高水敷土壌栄養塩量増減の変化（戸田ら（2002））

このような観点から、洪水のピーク流量を変化させ、流れと細粒土砂輸送に関する数値計算を実施し、その結果に観測で得られた微細土砂中の栄養塩含有率を乗ずることより、洪水規模による高水敷土壌中の栄養塩の増減に関して検討を行うことができる（詳しくは戸田ら（2002）を参照）。図3.4.6に異なるピーク流量の洪水に対する洪水前後の単位面積土壌中の窒素量の増減を示す。多摩川のこの地点においては、最大流量が400m³/sでは、右岸側高水敷の一部で栄養塩量の

77

増加が生じているが、洪水のピーク流量が 500m³/s 程度になると、全高水敷上で土壌中の栄養塩量が減少する。この高水敷の栄養塩量の増減を分ける洪水規模は、調査対象地では確率年 2 年程度の洪水に相当する。以上のように、洪水流による高水敷への栄養塩輸送は洪水規模によって変化し、大規模な洪水時には河原から栄養塩を流出させ、小規模の洪水では河原に栄養塩を供給する。

赤松（2003）は河川の下流・河口部の氾濫原における土壌中栄養塩の環境について、沖縄県石垣島の名蔵川マングローブ水域を対象として、同様の数値計算を実施しており、河口マングローブ水域では確率年が 10 年規模の大きな出水時にもマングローブ林内の土壌にリンが供給されていることを報告している。

このように、河川の上・下流を比較すると、河川下流域の方が、氾濫原の土壌栄養塩量の増減傾向を区分する洪水規模（確率年）が大きくなる。このことは比較的大きな洪水が生じた場合、上・中流域の氾濫原は栄養塩のソースとして機能し、下流域はシンクとして機能することを示している。近年では、国内の多くの礫床河川において、高水敷への細粒土砂の堆積とハリエンジュに代表される樹林の生息域拡大が報告されている。これを河川の上・下流の栄養塩動態の観点から見ると、本来、大規模洪水時の栄養塩のソース機能を持つ上・中流域の河原が、栄養塩のシンクとして働く傾向にあり、中流域の氾濫原が下流域のそれに近い状態へと変化しつつあることを示唆している。

## 3.5 河床藻類とその制御

河川生態系においては、その一次生産を担う付着藻類が河道における栄養塩動態に大きな影響を与える。ここでは、河道内での藻類の増殖・剥離特性および、ダム下流等で異常繁茂した付着藻類の制御法について述べる。

### (1) 瀬と淵での付着藻類の増殖・剥離特性

一般に生物の増殖は、初期に指数関数的に増加し、栄養分や環境条件の制約により、増殖が低下するといわれている。多摩川中流域の下奥多摩橋付近の瀬、淵における模擬石に付着した藻類についてもそのような増殖特性が見られた（図 3.5.1）。瀬と淵の増殖過程の違いに着目すると、瀬では模擬石設置後 7 〜 14 日の

## 3.5 河床藻類とその制御

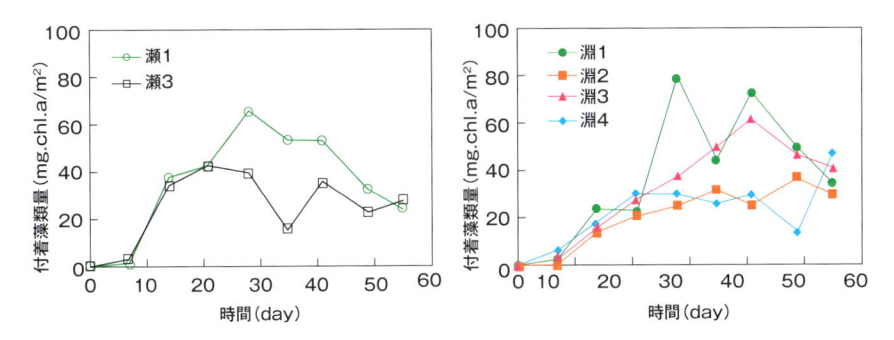

図3.5.1 多摩川中流域の下奥多摩橋付近の瀬と淵における付着藻類の増殖過程

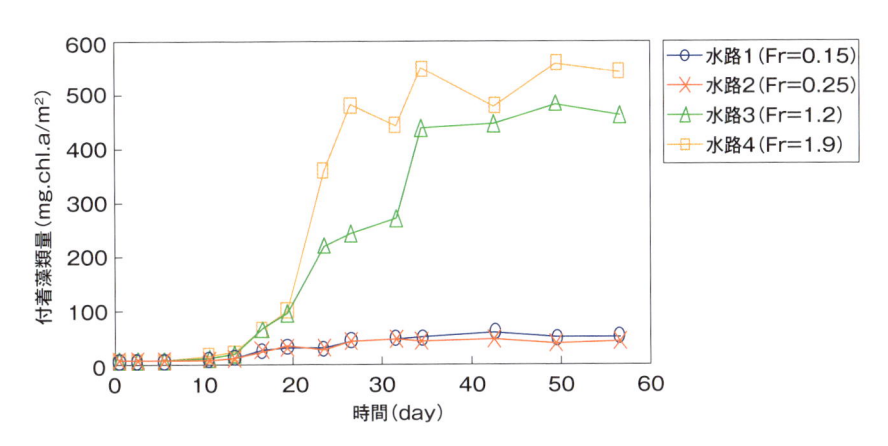

図3.5.2 平坦水路床上の藻類現存量の時系列変化

間に40mg.chl.a/m² 程度まで急速に増殖するが、淵では30日～40日後付近まで緩やかに増殖していることが分かる。対象とした瀬と淵では河床面での日射量、栄養塩濃度に有意な違いは見られなかった。したがって、このような増殖初期の生産活性の違いは水理特性の違いに起因しており、流速や摩擦速度が大きい瀬の方が初期の一次生産活性が高いことが分かる。

このような流れによる付着藻類の活性の変化は室内実験においても確認されている。図3.5.2に同一の水質・光環境の下で流れのみを変化させた（Fr=0.15～1.9）4つの水路における付着藻類現存量の時系列変化を示す。増殖の初期段階において各水路の藻類現存量が指数関数的に増加し、その後、栄養塩や環境条件の

図 3.5.3　各水路の藻類繁茂状況

制約によって増殖が低下するという、一般的な生物の増殖過程が見られる。水路間の違いに関しては、水路 1、2 と比較して水路 3、4 では実験開始後 15 日目付近から著しく大きい増殖が生じ、実験終了時には水路 1、2 の 10 倍程度の現存量を示している（図 3.5.3）。本実験においては、光強度、水温、栄養塩濃度はすべての水路で全く同一であることから、このような一次生産力の違いは、水理特性の違いによって生じたものであり、流速や底面付近の乱れが大きな水路ほど一次生産力が高くなることが推定される。また、このような現存量の大きな違いが生じたもう一つの要因として、藻類種の変化が考えられる。付着藻類はその形態的特徴として、糸状体のものと単細胞あるいは群体となって繁茂するものが存在し、それぞれによって流水からの影響の受け方が異なると推定される。ここでは、実験水路中の藻類を糸状体とその他のもの（以下、単細胞・群体と称す）に分類した（図 3.5.4）。すべての水路において、実験開始 5 日後から 34 日後にかけて糸状体の藻類の割合が増加しており、Hoagland et al.（1982）が指摘するような典型的な藻類種の遷移が生じていることが分かる。水路間の違いについては、水路 3、4 では実験開始より 34 日後には付着藻類の 80% 以上が糸状体の藻類で占められており、流速や底面付近の乱れが大きい水路ほど、糸状体藻類の優占率が高くなっている。以上のことから、流れが一次生産力に与える影響については、①流れの違いにより藻類種組成が変化し、種の生産活性の違いにより一次生産力が変化する、②水理特性の違いにより藻類膜内部および近傍の基質の拡散能が変化し、その結果、一次生産力が変化する、といった 2 つの要因が考えられる。

次に、付着藻類の剥離特性を検討するために、1 日あたりの剥離量をその時点

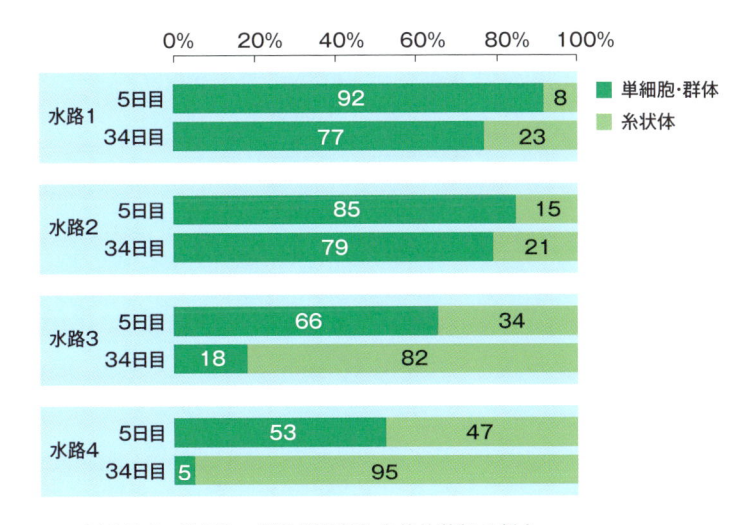

図 3.5.4　単細胞・群体型藻類と糸状体藻類の割合

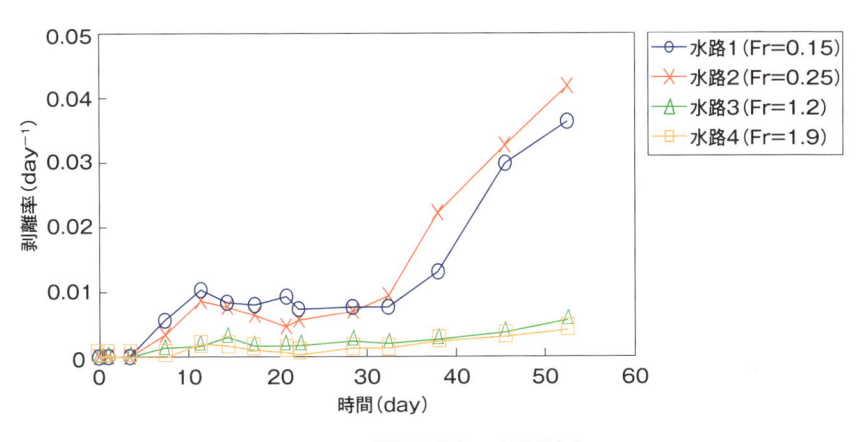

図 3.5.5　藻類剥離率の時系列変化

での現存量で除した剥離率の時系列変化を図 3.5.5 に示す。全体的な傾向として、剥離率は実験の進行に伴って増加しており、実験開始初期に河床面に付着した藻類が、寿命や生理活性の低下によって付着力が低下し、剥離しているものと考えられる。水路間の違いについては、流速が大きく河床面のせん断応力が大きくなる水路 3、4 より、水路 1、2 の剥離率の方が大きな値を示している。剥離率の

小さくなる水路 3、4 では糸状体の藻類が優占的に繁茂しており（図 3.5.4）、水路 1、2 に多く生育していた単細胞・群体の藻類と比較して、糸状体藻類は剥離し難いものと思われる。以上のことから、付着藻類の剥離は流体せん断力よりも藻類の生理的活動や藻類種に依存していることが分かる。

## （2）土砂による付着藻類の強制剥離

　自然な物理攪乱に対する河床付着藻類の応答に関しては多くの研究が実施されており、出水時に流速や濁度が突然増加することにより、河床付着藻類が洗い流されることが指摘されている（Grimm and Fisher（1989）、Power and Stewart（1987））。また、流水中での河床付着藻類の更新は出水直後に小礫、砂、シルトが生物膜上に堆積することや、出水後も濁度が高い状態が継続し、日射が遮断されることによっても起こる（Davis-Colley et al.（1992）、Honer et al.（1990））。さらに、出水時の洗い流しに対する付着藻類の抵抗力は、付着基盤の粒径と安定性に強く依存している。つまり、出水時に転がるサイズの礫に付着した藻類は河床との衝突によって剥離するのに対して、出水時にも移動しないサイズの礫に付着した藻類は流水中の砂礫細粒分の衝突によって剥離することから（赤松ら（2009））、出水の規模や流水中の細粒分の有無が藻類の更新に大きく影響する。

　そこで、付着藻類の剥離と掃流砂の粒径の関係について、河床材料として素焼きタイルおよび実際の礫を使用した実験水路を用いて検討した。まず、素焼きタイルを用いた実験では砂礫の動きやすさを表す無次元掃流力を一定に保ち（$\tau_*$=0.03）、掃流砂の粒径を変化させた。図 3.5.6 に砂礫投入開始後の経過時間における素焼きタイル上の付着藻類の被覆率の時系列変化を示す。粒径が小さい場合（$d$=3.6mm）には付着藻類の剥離に十分な衝撃力がなく、付着藻類の剥離はほとんど見られなかった。また、粒径の大きい場合（$d$=17.5mm）には衝撃力は大きいものの、$d$=5.2mm および $d$=10.4mm のケースに比べて、流下する砂礫数が少なく、砂礫が衝突する面積が小さいため、被覆率の低下は比較的小さくなっている。また、図 3.5.7 に実河川の礫を用いた実験において、摩擦速度が 0.072 m/s、0.092m/s の場合および無次元掃流力が 0.03 の場合の付着藻類減少率の比較を示す。摩擦速度が 0.072m/s および 0.092 m/s の場合には、粒径 5 〜 10mm 程度の砂礫はより粒径の大きいものと比べても藻類の剥離に有効である。また、無次元掃流力が同じ場合で比較しても粒径 10.4mm の砂礫が粒径 17.5mm の砂礫に比べて

3.5 河床藻類とその制御

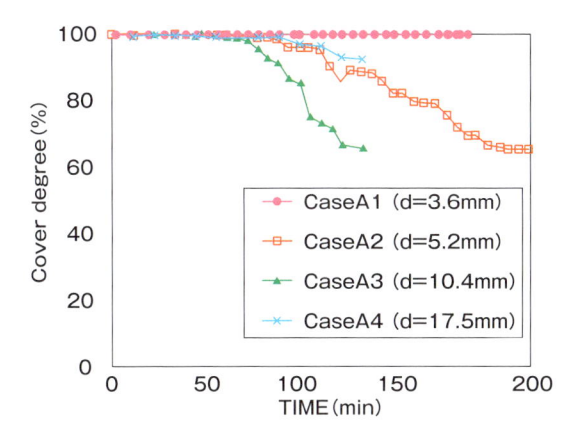

図 3.5.6　タイル上の付着藻類の被覆率の時系列変化

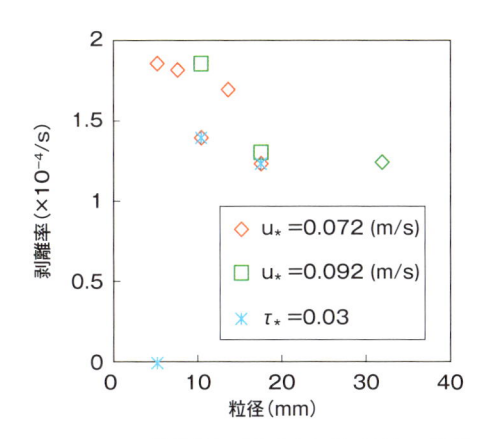

図 3.5.7　付着藻類減少率と掃流砂粒径の関係

藻類の剥離に有効であることが分かる。つまり、実際の礫においても素焼きタイルの場合と同様に粒径が 5 〜 10mm 程度の砂礫はより粒径の大きい砂礫と比べても付着藻類の剥離に効果的であると考えられる。

## (3) ダム下流の付着藻類の制御

　日本のほとんどの河川の上流にはダムが建設され、下流の水・土砂動態が大きく変化している。このことから、ダム下流では土砂供給の減少による河床低下、河床材料の粗粒化が生じる場合がある。また、このような物理環境の変化はダム下流の河川生態系にも大きな影響を与えている。具体的には、河床材料の粗粒・固定化によるダム下流での糸状藻類の異常繁茂、特定の底生動物だけが個体数や現存量を増やすことによる底生動物の群集多様度の低下などが挙げられる。このようなダム下流の河川環境の改善に向けて全国の河川でフラッシュ放流が実施されている。さらに、現在はフラッシュ放流時に置土を行い、下流の河川環境を改善する試みも行われている。従来、置土はダム湖に堆積した土砂の下流への還元を目的として行われることが多いが、前述のような掃流砂による付着藻類のクレンジング効果も期待できる。

　神奈川県相模川水系の宮ヶ瀬ダムでは、下流の中津川に繁茂している藻類や河床に堆積したシルト等を掃流することを目的として 2004 年からフラッシュ放流を実施している。宮ヶ瀬ダム下流では河床の粗粒・固定化が進み、ダム直下では糸状藻類の異常繁茂が頻繁に確認されていた（図 3.5.8）。2005 年 10 月 15 日に行われたフラッシュ放流（ピーク流量 100m$^3$/s、ピーク継続時間約 2 時間）前後の付着藻類量を計測したところ、77%の藻類が残存していた。付着藻類量を計測した地点において、摩擦速度は平水時で 0.03m/s 程度であるが、放流ピーク時には 0.18m/s 程度であった。前述の実験と比較しても流れとしては十分に速い状態であったが、ダムによる河床の粗粒化が顕著で、付着藻類の剥離に有効な 5 ～ 10mm 程度の粒径の砂礫が河床にはほとんど存在していなかったため、十分な剥離効果が得られなかったものと考えられる。そこで、前述の実験結果から得られた藻類の剥離と掃流砂量の関係式および平面 2 次元河床変動モデルを用いて（赤松ら（2009））、現状の粒度分布（Case1）および 5 ～ 10mm の粒径の土砂がある場合（Case2）の付着藻類の剥離状況について検討した。図 3.5.9 にそれぞれの場合の粒度分布を示す。図 3.5.10 に宮ヶ瀬ダム下流の中津川の観測地点を含む区間での付着藻類の残存率の空間分布を示す。図 3.5.10（Case1）中の観測地点（Station A）でのフラッシュ放流前後の藻類現存量から算出した実際の残存率は 77%であったのに対して、本計算から得られた残存率は 73%であった。この結果から、本モデルはフラッシュ放流による付着藻類の剥離をおおまかに再現可能

3.5 河床藻類とその制御

図 3.5.8 宮ヶ瀬ダム下流での糸状藻類の異常繁茂

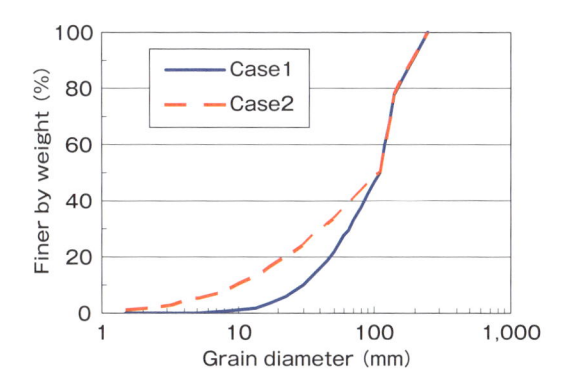

図 3.5.9 再現計算 Case 1、2 における河床の粒度分布

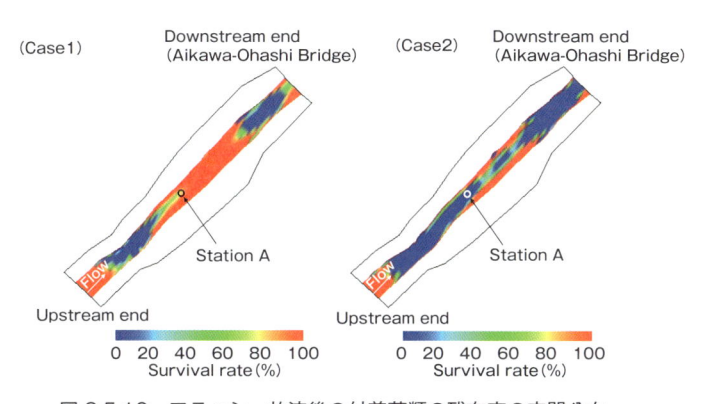

図 3.5.10 フラッシュ放流後の付着藻類の残存率の空間分布

85

であると考えられる。図 3.5.10（Case2）では河床に付着藻類の剥離に有効である 5 ～ 10mm 程度の粒径の砂礫が存在し、フラッシュ放流時にそれらの砂礫が掃流砂として輸送されるため、付着藻類がほぼ全域において完全に剥離しており、Station A でも付着藻類の残存率 0% となっている。以上の結果から、現状ではダム直下においては上流からの砂礫供給がほとんどなく、河床にも藻類の剥離に有効な粒径の砂礫が不足しているため、降雨時にダムからの放流量が増加した際にも河床付着藻類の剥離が十分に起こらず、糸状藻類が異常繁茂していると考えられる。フラッシュ放流時に河床付着藻類の剥離に有効な粒径の砂礫供給があれば、現行のフラッシュ放流量で異常繁茂した糸状藻類の除去が可能であることが示唆される。

## 3.6 水草・藻類による環境ホルモン制御（古賀ら（2006）、金井ら（2006））

### (1) ファイトレメディエーション

　ファイトレメディエーションとは、植物やその植物に共生的に存在する微生物群によって水中や土壌中の汚染物質（重金属、有機塩素系化合物、芳香族有機化合物など）を除去し、分解することによって汚染を浄化する過程である。従来の化学物質などを用いた浄化法と比較して環境に対する負荷が低い浄化法として注目されている。植生による水質浄化作用は、植物によって流れが遅くなることによる粒子態物質の沈降、植物への物質の付着、植物への取り込みによる分解が挙げられる。ここでは、特に環境ホルモンの植物への取り込みについて述べる。

　流水中に溶けている環境ホルモンとして魚類に影響を与える物質が 3 種類知られているが、ここではエポキシ樹脂に使用されるビスフェノール A（以下、BPA と呼ぶ）、および天然エストロゲンの一つである $17\beta$-エストラジオール（以下、E2 と呼ぶ）を取り上げる。

　まず室内実験で、沈水植物として日本各地に群生しているアナカリス（*Egeria densa*、図 3.6.1）を用い、環境モルモンの植物体内への取り込みを調べた結果が図 3.6.2 である。100μg/L の濃度を持つ溶液 500mL に環境ホルモンを含まないアナカリスを 5g 入れ、水溶液中の E2、BPA の濃度経時変化が図 3.6.2 (a)、一方植

図 3.6.1　アナカリス（*Egeria densa*）

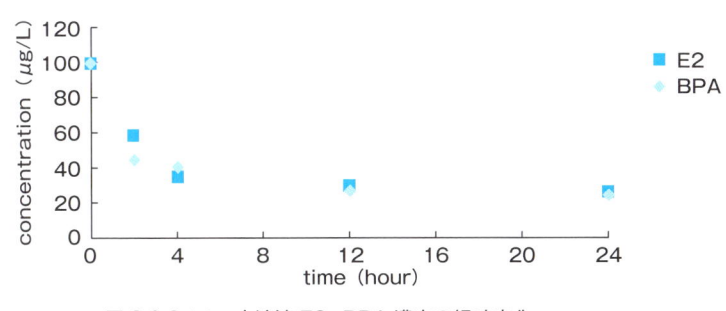

図 3.6.2（a）　水溶液 E2、BPA 濃度の経時変化

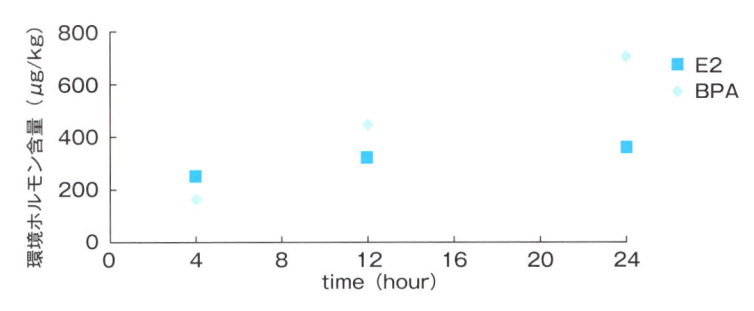

図 3.6.2（b）　植物試料中の E2、BPA 含量の経時変化

物体内の E2、BPA 含有量の変化が図 3.6.2（b）である。
　この環境ホルモン濃度は、自然環境中で見られる濃度に比べるとはるかに大きいが、植物による取り込みの特性を把握することが可能である。実験によれ

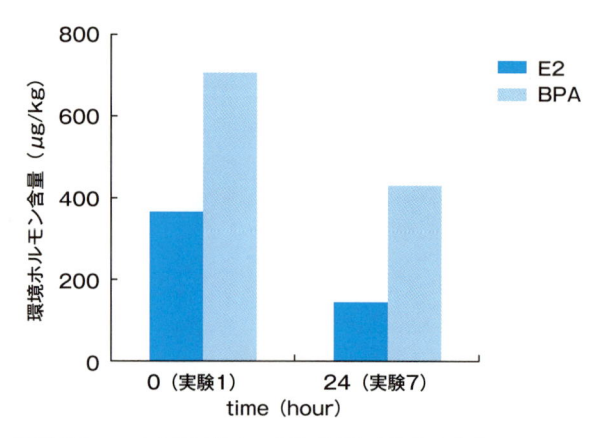

図 3.6.3　アナカリス体内における E2、BPA の変化

ば、約 4 時間後には環境ホルモン濃度は半減し、一方では植物体内の濃度は次第に増大している。

　植物体内に取り込まれた環境ホルモンが体内で分解されていることも確かめられている。アナカリス体内に十分 E2、BPA が蓄積された後に純水に浸し、24 時間後に体内に残存している E2、BPA を測定したところ、両者ともに含有量が約 50％になっていた（図 3.6.3）。一方、水溶液では 24 時間後にはアナカリス体内の約 1/6 の量の E2、BPA が存在していた。このことから、アナカリス体内の E2、BPA の減少は水溶液への溶出ではなく、ほとんどがアナカリス体内で分解されたものと推定される。

### （2）実水路での環境モルモン削減効果

　現地で植物による E2、BPA の削減作用も確認されている。図 3.6.4 は、多摩川の脇を流れる二ヶ領用水である。二ヶ領用水は多摩川を水源とし、川崎市多摩区（上河原堰堤）から幸区までを流れる全長 32km の用水路であり、古くから農業用水に用いられ、現在では散策路や水生植物などといった水辺環境が整備され、環境用水として利用されている。

　図 3.6.4 に示す川崎市中原区内を流れている区間では、アナカリスが繁茂している水域が存在する。二ヶ領用水の水質調査地点は図 3.6.4 に示されており、地点 3～4 間には用水路全体を覆うようにアナカリスが繁茂している。

3.6 水草・藻類による環境ホルモン制御

　図 3.6.5 は、この区間のアナカリスによる E2、BPA の削減効果を示している。アナカリスが繁茂する区間 3 〜 4 では、削減効果が顕著である。
　このほか、河床に存在する藻類もファイトレメディエーション効果を有することが確認されている。ただし、この観測は夏期であり、水温は 26.5℃であった。植物の活性度は季節などによって変化するので、活性度の低い冬季などでは環境ホルモンの除去効果は低いと考えられる。

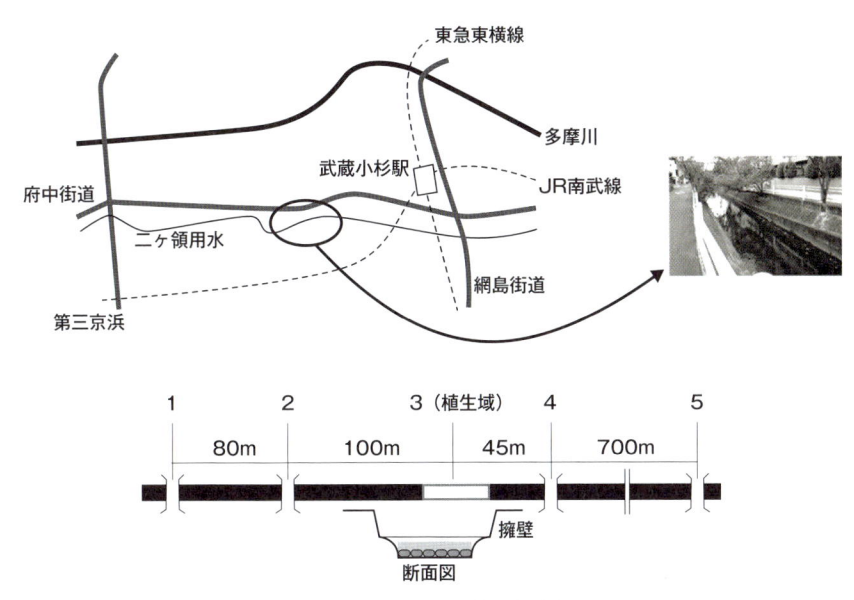

図 3.6.4　二ヶ領用水調査地点

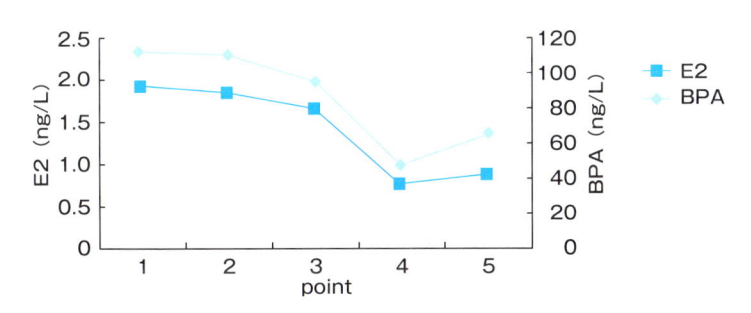

図 3.6.5　二ヶ領用水中の各地点における E2、BPA 濃度

89

## 参考文献

Davis-Colley, R. J., Hickey, C. W., Quinn, J. M. and Ryan, P. A.: Effects of clay discharges on streams. I. Optical properties and epilithon, *Hydrobiologia*, Vol.248, pp.215-234, 1992.

Gloyna, E. F.: Basis for waste stabilization pond designs, *Advances in water quality improvement*, Univ. of Texas, pp.397-408, 1968.

Grimm, N. B. and Fisher, S. G.: Stability of periphyton and macrointertebrates to disturbance by flash floods in a desert stream, J. North Am.. Benthol. Soc., Vol.8, pp.293-307, 1989.

Hoagland, K. D., Roemer, S. E. and Rosowski, J. R.: Colonization and community structure of two periphyton assemblages, with emphasis on the Diatoms (Bacillariophycese), *American Journal of Botany*, No. 69, pp.188-213, 1982.

Honer, R. R., Welch, E. B., Seeley, M. R. and Jacoby, J. M.: Responses of periphyton to changes in current velocity, suspended sediment and phosphorous concentration, *Freshwater Biology*, Vol.24, pp.215-232, 1990.

Ikeda, S. and Parker, G.: *River Meandering*, Water Res. Monograph 12, AGU, 1989.

Junk, W. J., Edwards, R. T. and Risley, R.: The flood pulse concept in river-floodplain systems, *Canadian J. Fisheries Aquatic Sci.*, 106, pp.110-127, 1989.

Power, M. E. and Stewart, A. J.: Disturbance and recovery of an algal assemblage following flooding in an Oklahoma stream, *Am. Midl. Nat.*, Vol.117, pp.333-345, 1987.

Vannote, R.L., Minshall, G.W., Cummins, K.W., Sedell, J.R. and Cushing C.E: The river continuum concept, *Canadian J. Fisheries and Aquatic Sci.*, 37, pp.130-137, 1980.

赤松良久：マングローブ水域の水理と物質循環、東京工業大学博士論文、2003.

赤松良久、池田駿介、浅野誠一郎、大澤和敏：ダム下流における糸状藻類の強制剥離に関する研究、土木学会論文集 B、Vol.65、No.4、pp.285 -295、2009.

可児藤吉：『渓流性昆虫の生態』、研究社、1944.

河川環境管理財団：栄養塩濃度が河川水質環境に及ぼす影響に関する研究、河川環境管理財団河川整備基金事業研究報告書、2003.

金井康一、古賀智之、池田駿介、大澤和敏：流水中における内分泌攪乱物質の沈水植物による浄化、河川技術論文集、12巻、pp.299-304、2006.

川島博之、鈴木基之：浅い富栄養化河川水質シミュレーションモデル、化学工学論文集、第10巻、第4号、pp.475-482、1984.

川島博之、鈴木基之：負荷解析のための河川水質シミュレーションモデル、水質汚濁研究、第9巻、pp.707-715、1986.

川那部浩哉、宮地伝三郎、森 主一、原田英司、水原洋城、大串竜一：遡上アユの生態とくに淵におけるアユの生活様式について、京都大学生理生態業績、79、1956.

北村忠紀、加藤万貴、田代 喬、辻本哲郎：砂利投入による付着藻類カワシオグサの剥離除去に関する実験的研究、河川技術に関する論文集、第6巻、pp.125-130、2000.

古賀智之、池田駿介、大澤和敏、金井康一：沈水植物による水中の環境ホルモン浄化に関する基礎的研究、水工学論文集、土木学会、pp.1093-1098、2006．

戸田祐嗣、池田駿介：礫床河川の物質循環シミュレーション、土木学会論文集、No.635、pp.67-83、1999．

戸田祐嗣、池田駿介、浅野　健、熊谷兼太郎：礫床河川における出水前後の高水敷土壌の変化に関する現地観測、河川技術に関する論文集、第6巻、pp.71-76、2000．

戸田祐嗣、浅野　健、池田駿介、端戸尚毅：礫床河川における流下有機物の動態に関する研究、河川技術論文集、第8巻、pp.55-60、2002．

戸田祐嗣、池田駿介、熊谷兼太郎：礫床河川における洪水時の流れおよび浮遊砂・栄養塩輸送に関する数値計算、水工学論文集、第46巻、pp.1121-1126、2002．

野崎健太郎：矢作川中流域における大型糸状緑藻群落の発達、河川技術論文集、第10巻、pp.49-54、2004．

古川トンボ：『アユ友釣り』、西東社、1994．

## コラム 3

## 河川の樹林化

　1990年代頃から日本の多くの河川で、砂州や高水敷上に大量に樹林が繁茂する、いわゆる樹林化現象が報告されている。樹林化が生じた原因として、ダムなどの治水施設による洪水の規模・頻度の低下、過去の砂利採取による澪筋の河床低下、堰などの河川横断構造物による土砂輸送環境の変化、外来種の移入、人的な樹木利用や管理の放棄など、諸説が唱えられており、現実的にはこれらの要因が複合的に重なり合い、全国規模で一斉に出現したものと考えられている。

　河川の樹林化が進むと、砂州上から裸地河原の面積が減少し、河原固有の在来植物種が絶滅の危機にさらされるなど河原生態系の変質をもたらす。また、大量に繁茂した樹木は、河川の洪水流下能力を低下させ、洪水時に大量の流木を発生させたり、あるいは流路の固定化による澪筋の河床低下を引き起こしたりするなどして、河川の治水安全度を低下させる。治水、環境の両側面から樹林化現象に対する早急な対応策の確立が求められている。

（戸田祐嗣）

樹林化が進んだ鏑川（利根川支川）

# 4章

# ダムの土砂栄養塩類の諸問題と解決策

# 4章 ダムの土砂栄養塩類の諸問題と解決策

## 4.1 ダム貯水池内の成層

　回転率の低い、大きなダム貯水池では、流動性が低いことから夏期に日射により水表面が温められ、温度成層が生じることがある。特に、貯水池中間層に取水口が存在する場合には、その前面の水が選択的に取水され、温度勾配が大きな躍層が生じやすい。

　貯水池年回転率は、$r=$ 年間総流入量／常時満水位時の貯水容量、によって定義され、10年程度以上のデータに基づいて計算する。一般に、$r$ が10以下の場合は温度成層が形成される可能性が高い。

　温度成層が存在すると、重力の効果により上層・下層間で混合が生じなくなり、下層では酸素不足になり、溶存酸素（DO）の低下が生じることがある。DOの低下は、貯水池底泥に吸着している鉄、マンガンやリンの溶出を引き起こすことがある。一方、上層では、日射と高温により植物性プランクトンが大量発生することがある。

　また、温度成層が存在する貯水池に、洪水時に細かい高濃度の土砂を含む流れが流入すると、濁水と密度が同じ躍層内に流れが進入し、貯水池内に高濃度の濁水が滞留する場合がある。特に流入水量が多い場合には、温度成層自体が破壊され、貯水池全体に濁水が回ることがある。これらは、いずれも水質問題や美観を損ねるなどの問題を引き起こす。秋季になって表面が冷却されると貯水池内で上下の循環が発生し、温度成層は解消される。

　温度成層を破壊する方策として、湖底からコンプレッサーなどで気泡を放出し、湖水を強制的に循環させる方法がある。この循環流によって遊泳力を持たない植物性プランクトンを湖底に近い無光層に引きずりこみ、死滅させることができる。また、循環流は酸素を湖底にまで輸送することができることから、湖底付近の貧酸素状態を解消することができる。その結果、鉄、マンガン、栄養塩類の溶出を防ぐことができ、水質環境の改善に役立つ。

## 4.2 ダム湖内の土砂の挙動

　流砂には、河床近くを流送される掃流砂、流れの乱れによって浮遊しながら流送される浮遊砂、ほとんど沈降しない非常に微細な土粒子により構成されるウォッシュ・ロードが存在する。ほとんど沈降しない数ミクロンの大きさの土砂は貯水池内に滞留し、濁水を引き起こす場合がある。一方、死水域を構成する貯水池では、掃流砂・浮遊砂は沈降し、ダム貯水池内に堆積する。一部のダムでは堆砂対策が必要になりつつある。

　ダムの堆砂の形態は様々であるが、典型的な形状はデルタ型である（図4.2.1）。河床を移動してきた送流土砂は、デルタの肩を通過した後、堆積して急勾配の斜面を形成する。このデルタは時間経過とともに下流に進行し、一方、デルタ上流端は上流に向かって遡上し、洪水時に堰上げて浸水被害を及ぼす場合がある。ダム容量の確保や環境上の観点から、流砂系に注目したダム再開発が必要となりつつある。デルタ上には砂礫が主に堆積し、ダム近くでは粘着性が強いシルト・粘土が堆積しやすい。

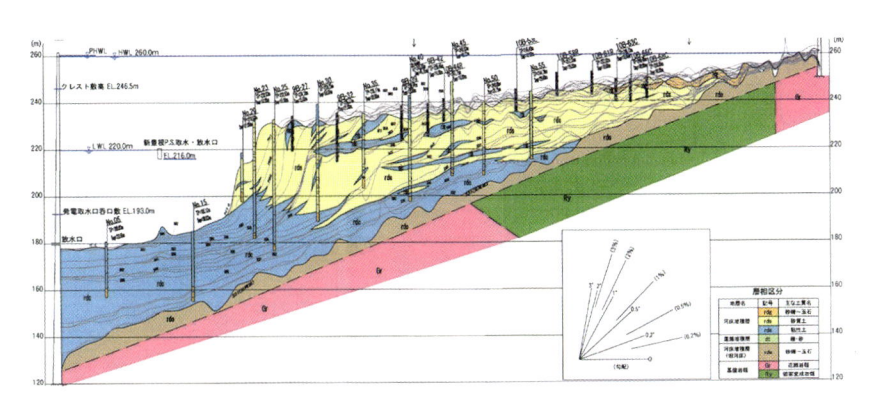

図 4.2.1　デルタ型堆砂形状

## 4.3 流砂・栄養塩類のマネジメント

### (1) 濁水

濁水が発生すると、沈降速度が遅いことから長期化する場合が多い。そのために、できるだけ濁水を洪水時にダムから排出させることが大切である。比較的小さな洪水では、前述したように、成層している貯水池では濁水は同じ密度層に侵入するので、選択的にこの濁水を排出することが可能である。貯水池水面からカーテンウォールを垂らし、濁水が上層に侵入しないようにして、上層の清澄水を選択的に取水する工夫も行われている。

しかし、貯水池全体が濁水で満たされるような大規模出水では、このような工夫では対策ができない。貯水池側岸に沿ってバイパストンネルを設置し、上流から流下してくる底面付近の高濃度の土砂をバイパスにより通過させる方法や、湖岸にそって管路を設置し、上流の清澄水を取水して直接下流に流す方法（清水バイパス）が取られている。

### (2) 堆砂対策

堆砂の対策としては浚渫や掘削があるが、機械力を必要とすることから基本的には短期的な対策である。自然営力を利用する方法としては、前述のバイパストンネルが有効である。土砂は、そのほとんどが洪水時に輸送されるので、この土砂をバイパストンネルを通じて下流側に輸送すれば、貯水内の土砂堆積を大幅に減らすことが可能である。

関西電力旭ダムでは、出水時に川床付近の高濃度土砂をダム上流に設置された呑口から取り入れ、バイパストンネルを通じて迂回させ、下流側に放出することにより、洪水時の濃度のピーク値を従来の40％程度に下げることができ、さらに長期化していた濁水を3日間程度に短縮することが可能となった。細かい濁質のみでなく、バイパストンネルを通じて輸送された砂礫は下流の河床に堆積し、粗粒化していた河床に砂礫が堆積して魚類などの生息環境が改善している（Harada et al.（1997）、竹中ら（2004））。

貯水池が長大な場合には上流端まで設置するには多額の費用が必要である。このことから、デルタ堆砂の上流部から管によって土砂を吸引し、そこから下流に設置されるバイパスを経由して土砂を排出させる工法が検討されている。

## 4.4 ダムにおける富栄養化

### (1) 富栄養化
　栄養塩は、リン、窒素、カリウム、珪素などの主要元素とマンガン等の微量元素を指すが、水中では、これらのうちカリウムや珪素はもともと豊富にあるので、窒素とリンが増加した場合に藻類などの植物性プランクトンが大量発生し、各種の環境問題を引き起こす。貯水池のような閉鎖性水域に、上流から生活排水、農業・畜産排水、肥料などが流入すると、それらに含まれている窒素やリンなどが捕捉される。夏季には日射が増加すると、日光の当たる水面付近ではこの栄養塩類を利用して光合成が盛んに行われ、一次生産が増大し、植物性プランクトンが急激に増殖する。また、それを捕食する動物性プランクトンも異常に増える。淡水赤潮やアオコの発生は、このような富栄養化によって生じる。

　逆に、光合成が停止する夜間にはこれらの植物性プランクトンの呼吸によって酸素の消費が増え、水中が貧酸素状態になる。また、異常増殖したプランクトン群集が死滅すると、これが沈降・堆積した水底では有機物の分解が進行し、酸素が消費されて貧酸素水塊が形成される。水温成層により上下間の混合が阻害され、この貧酸素水塊が維持されると、有機物の分解が停滞してヘドロが堆積し、悪臭の原因となる。このように富栄養化が進んだ環境では、光合成による一次生産は増えるが、水質悪化によって魚類の生息環境は悪化する。

　植物性プランクトンのうち、藍藻類が増殖すると、カビ臭の主な原因となる2-MIB（2-メチルイソボルネオール）やジェオスミンが生成され、水道水に影響を与える場合がある。カビ臭発生時の水温は、20〜30℃の場合が多い。

　窒素やリンは、溶存態と粒子態が存在し、粒子態のものは微細な土砂に吸着して輸送される。特に、粒子態リンは微細な土砂に吸着しやすい（図1.2.2参照）。

### (2) 解決策
　根本的には、ダム集水域の発生源対策が重要である。例えば、淡水赤潮やカビ臭対策として、生活排水からの負荷を減らすため、琵琶湖流域ではリンを含む洗剤の利用を止め、石鹸の利用を行う取り組みが行われた。牧畜・養鶏からの負荷削減や、適切な施肥を行い負荷量を削減することも大切である。

　工学的技術により、解決する方法も様々開発されている。カビ臭については、

前述の気泡噴流による循環流の生成が有効である。植物性プランクトンを無光層に引きずり込んで死滅させ、また表面近くの水温を低下させることにより植物性プランクトンの増殖を抑えることができる。また、浄水場において粉末活性炭の注入や凝集沈澱処理の強化などを実施し、さらにオゾン処理などの高度浄水処理を行って脱臭する場合もある。

栄養塩類を付着している微細土砂を、温度躍層を利用して洪水時にすみやかに貯水池から排出したり、土砂バイパスによって貯水池内に流入させない方法も効果が大きいが、バイパス建設には費用がかかることが難点である。

## 4.5 流水型ダム

流水型ダムは、外国ではドライダムと呼ばれることもあり、国内外で古くから用いられている。わが国では、農地防災ダムとして50年程度の歴史がある。

その運用は、ダム底部に孔（常用洪水吐）を開けて、平時には流水を通過させ、洪水時のみ貯留させる方法である。したがって、平常時はダム上流には水が貯留されず、通常の河川と同じように流水が流れている（図4.5.1）。このことから、ダム直上流においても植生が生育する。

図4.5.2は、あるダムの洪水調節の状況を示している。ダム底部の直径1.1mの

図 4.5.1　益田川ダム堤頂から上流を望む

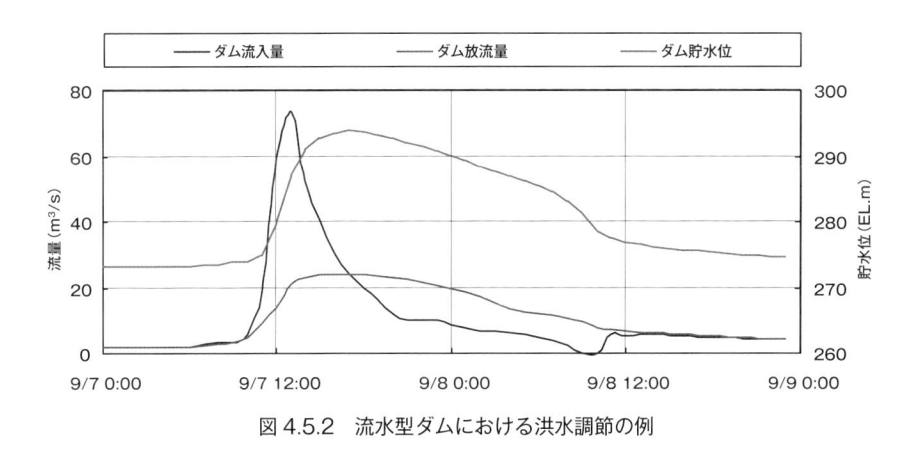

図 4.5.2　流水型ダムにおける洪水調節の例

孔から放流されることから、放流量が制限され、洪水調節がなされる。この洪水では、ピーク流入流量 73m$^3$/s に対し、放流流量は 24m$^3$/s である。

このように、流水型ダムは人的操作を伴わず、自動的に洪水調節を行うことができ、しかも環境に負荷をかけないことから、海外では、米国、オーストリアやドイツなどでも用いられている。特に、オーストリアのスティリア（Styria）州では、100 個所以上の容量の小さい小規模分散型ダムが建設されている（角（2013））。多くはアースフィルダムで、底部の洪水吐きのみコンクリート構造である。ダム堤部は緑化され、上流側は牧草地などに利用されており、通常時はダムに見えないよう景観上の工夫がされている。

流水型ダムに洪水が流入し始めると、当初はダム底部の常用洪水吐から掃流土砂も排出されるが、洪水流量が増え、その一部がカットされると土砂を押し流す掃流力が低下し、ダム内に堆積が始まる。ところが、ピーク後には再び掃流力が増加し始め、土砂の掃流輸送が回復し、いったん堆積した土砂は常用洪水吐から再びダム下流に排砂される。このとき、混合砂礫では大きい礫がダム内に取り残される可能性はある。浮遊砂についても同様な過程をたどると考えられる。洪水ピーク付近で堆積した微細土砂は、洪水末期に掃流力の回復とともに再浮上してダム下流に排出されるが、掃流力が不足する個所（例えば、河岸段丘）が存在すると堆積が残る可能性がある。

それでも、ダム内の土砂捕捉率は、一般の貯水型ダムでは 80 ～ 90% に達する

ものの、流水型ダムでは 10 ～ 20%程度と見積もられており、土砂捕捉を相当程度軽減することができる（角（2013））。しかし、この値は洪水の状況やダム貯水池の地形などに左右され、河床が平坦で両岸が急な谷では、堆積はより少ないと考えられる。

　図 1.2.2 で示したように、微細土砂と粒子態栄養塩類の相関は高く、微細土砂が堆積・貯留される場合は、栄養塩類が残留する可能性は残る。ただ、粒子態栄養塩類は、化学的あるいは生物的に分解されるので、溶解して下流に輸送されたり、植物に吸収されていずれは除去されると考えられる。これらの土砂も含めた動態については研究が緒についたばかりであり、今後の成果の蓄積が望まれる。

**参考文献**

Harada, M., Terada, M. and Kokubo, T.: Planning and hydraulic design of bypass tunnel for sluicing sediments past Asahi Reservoir, *ICOLD* 19th, 1997.

角　哲也：流水型ダムの歴史と現状の課題、水利科学、No.332、pp.12-32、2013．

竹中秀夫、岡崎和樹、輿田敏昭：旭ダムバイパス放流設備運用後の下流河川環境調査結果報告（中間）、電力土木、No.309、pp.112-116、2004。

## コラム4

## 置土

　日本の多くの河川で上流にはダムが建設され、河道内には堰が存在している。これらの河川構造物は、本来上流から下流に流送される土砂の動きを大きく変化させている。ダムの下流では上流からの土砂供給不足によって岩盤の露出や攪乱の頻度の低下に伴う河床の粗粒化・固定化が生じている。

　このような背景からダムの堆砂対策およびダム下流域の物理環境の改善策の一つとして、ダム上流に堆積した土砂をダム下流に設置し、下流への土砂還元を行う、置土が実施されている。置土した土砂は出水時に掃流され、付着藻類の剥離や砂州の生長を促すため、下流域の健全な生態系の回復が期待できる。一方で置土に細粒分が多い場合にはダム下流域で濁水が発生する危険性もある。したがって、ダム下流の環境回復のためには適切な置土が必要である。(赤松良久)

徳島県那賀川長安口ダム下流域の置土

5章

# 河口マングローブの土砂栄養塩類動態

## 5.1 マングローブの役割

　マングローブ水域は生物活動、地形、河川・海水流動の相互作用のもとに形成されている（図5.1.1）。マングローブ群落やそこに生息する甲殻類などによって、マングローブ水域の地形が形成され、流れや物質輸送を規定している。また、河川・海水流動に伴う土砂の移動や堆積・沈降によってマングローブ域の地形は変化する。さらに、マングローブ水域においては河畔林と河道内にマングローブ樹林から落下する葉や枝などのリターが供給され、それらの物質が様々な形態で存在する。このような相互作用はマングローブ水域の大きな特徴であり、そこでの物質動態は一般の河川河口域とは異なった様相を呈する。ここでは、約16haのマングローブ湿原が広がる沖縄県石垣島名蔵川河口域を対象として（図5.1.2）、土砂・有機物・栄養塩の動態について述べる。

## 5.2 マングローブ水域の特徴

### （1）河川内を浮遊するリターの潮汐変化

　図5.2.1に大潮期のStn.A、Stn.Bそれぞれにおける河川内を浮遊するリターフラックスの潮汐による変化を示す。符号は下流方向へのフラックスを正とした。リターの輸送は満潮直後および直前に集中的に起こっており、満潮（7：00）直後に河川内からラグーンに輸送され、満潮（20：30）直前にはラグーンから河川内に向かって逆に輸送されている。下流側のStn.Bでは、河川内からラグーンおよび沿岸域に供給する傾向にある。また、上流側のStn.Aより上流では平水時に高水敷に水がのらず、マングローブ林からリターはほとんど供給されない。そのため、1潮汐間にリターはStn.Aより下流域から供給される傾向にある。このように多量のリターが河川内あるいはラグーン内に停滞し、上げ潮時に河川内に供給されることは興味深い。

### （2）溶存態の有機物・栄養塩の潮汐変化

　図5.2.2は大潮期のStn.A、Stn.Bでの水深変化および溶存態有機物、硝酸態窒素濃度の潮汐による変化を示す。干潮時には上流側のStn.Aに比べて下流側の

5.2 マングローブ水域の特徴

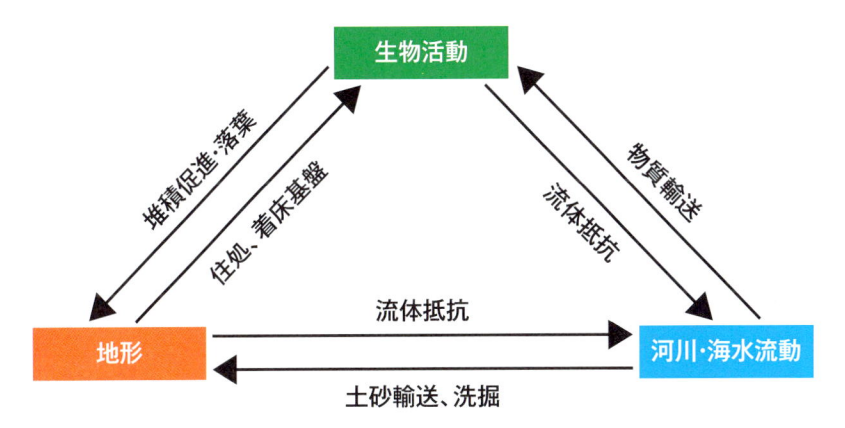

図5.1.1 マングローブ水域における生物活動、地形、河川・海水流動の相互作用

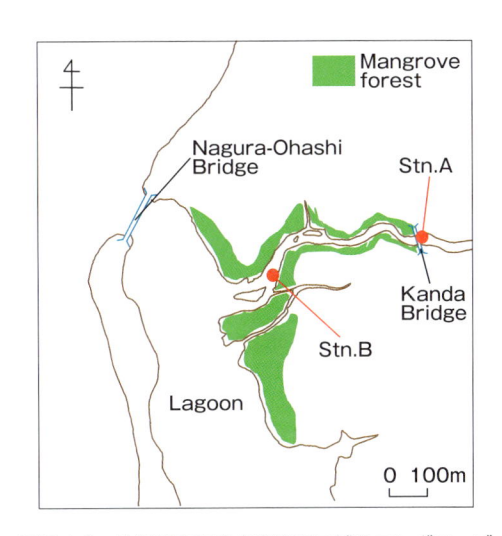

図5.1.2 沖縄県石垣島名蔵川河口域のマングローブ

Stn.Bの方が溶存態有機物、硝酸態窒素濃度が高く、引き潮時にはマングローブ林内から表層水およびクリーク（林内の小水路）を経由して溶存態有機物、硝酸態窒素の流出が生じていると考えられる。下流側のStn.Bでの硝酸態窒素濃度は満潮時には上流側のStn.Aに比べ圧倒的にその濃度が低い。これは上げ潮時に硝酸窒素濃度の低い海水が侵入したことによるものと考えられる。このような干潮

## 5章 河口マングローブの土砂栄養塩類動態

時に下流地点の濃度が上昇する傾向はマングローブ林内にほとんど海水が乗らない小潮期にも確認されており、林内から河川への栄養塩供給に地下浸透流が大きな役割を担っていることも明らかとなっている（赤松ら（2002））。

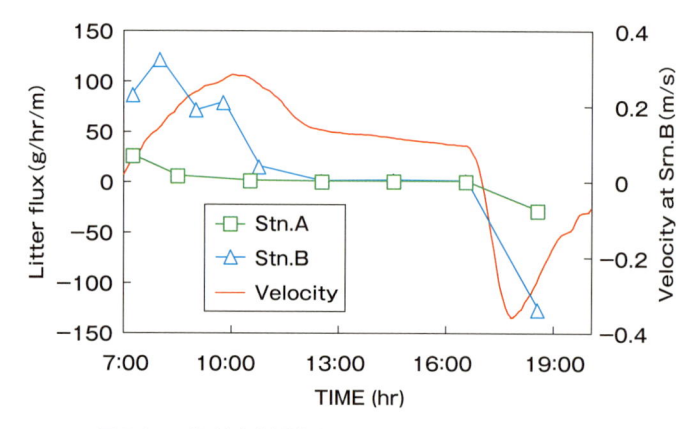

図 5.2.1　河川内を浮遊するリターフラックスの潮汐変化

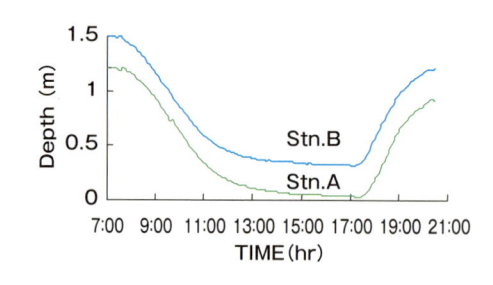

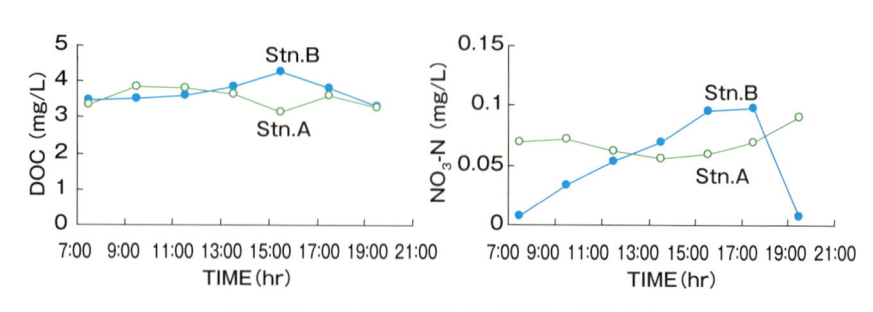

図 5.2.2　溶存態有機物および栄養塩の潮汐変化

## （3）粒子態の有機物・栄養塩の潮汐変化

図 5.2.3 は大潮期の Stn.A、Stn.B での水深変化および SM（Suspended Material）中の強熱減量（IL、mg/L）、粒子態窒素濃度（P-N）の潮汐による変化を示している。SM 中の強熱減量は粒子態有機物の指標として用いられる。また、P-N は、全窒素（T-N）から硝酸態窒素（$NO_3$-N）、亜硝酸態窒素（$NO_2$-N）、アンモニア態窒素（$NH_4$-N）を差し引いたものである。上流側の Stn.A では顕著な潮汐変化はないが、下流側の Stn.B において、溶存態有機物、窒素、リン濃度は干潮時に高くなる。他方、SM 中の強熱減量、粒子態窒素濃度は満潮時に高く、干潮時には低くなっている。これは満潮前後では多量のリターが輸送されるため、満潮前後に SM 中の強熱減量、粒子態窒素濃度が高くなったからと考えられる。また、粒子態窒素濃度は硝酸態窒素濃度に比べてほぼ 5～10 倍以上高く、マングローブ水域では粒子態の栄養塩が多量に存在していることを示している。

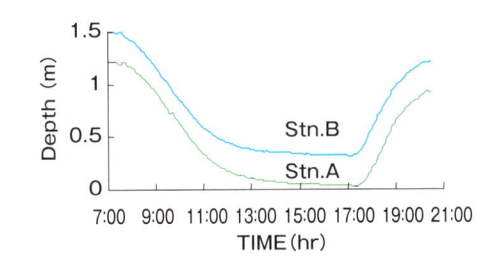

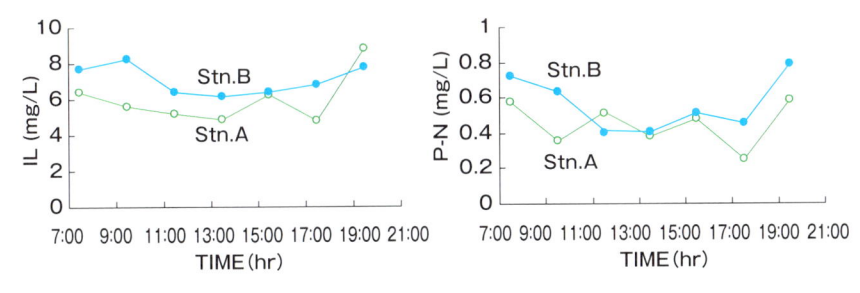

図 5.2.3　粒子態有機物および栄養塩の潮汐変化

## （4）有機物・栄養塩のフラックス

　図 5.2.4 は大潮期の Stn.A、Stn.B での水深変化および硝酸態窒素フラックス、粒子態窒素フラックス、河川内を浮遊するリターフラックスの潮汐による変化である。フラックスは、単位時間あたりの Stn.A および Stn.B の各断面での通過量（g/sec）として示した。なお、フラックスは下流方向を正としている。

　硝酸態窒素、粒子態窒素、河川内を浮遊するリターのすべてについて、上流側の Stn.A より下流側の Stn.B におけるフラックスの方が大きい。ここでは、特に下流側の Stn.B における各物質のフラックスについて述べる。

　大潮期の満潮時は水位が高く、マングローブ林への海水の流入量が多い。そのため、引き潮時にはマングローブ林の抵抗の影響を受けて、マングローブ林から河川内への流量のピークが潮汐による流速のピークより遅れるため、流速は比較的緩やかに減少する。したがって、硝酸態窒素、粒子態窒素、河川内を浮遊するリターともに引き潮時の正のフラックスが上げ潮時の負のフラックスを上回っている。硝酸態窒素、粒子態窒素は干潮前後の 12：00 〜 17：00 にかけても下

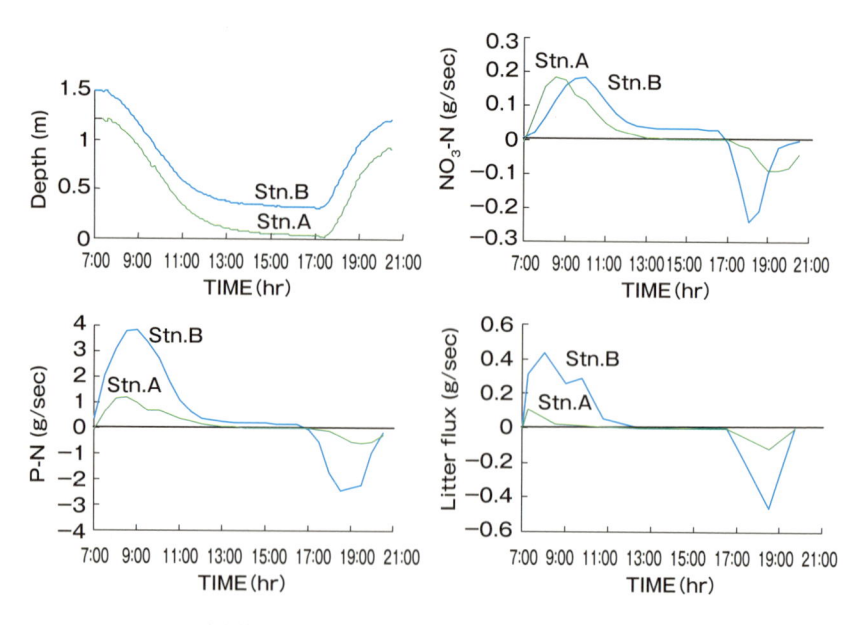

図 5.2.4　溶存態窒素フラックス，粒子態窒素フラックス，河川内を浮遊するリターフラックスの潮汐変化（g/sec）

流方向に輸送があり、硝酸態窒素に関してはその濃度が干潮時に高いことから、干潮前後でも有意な下流方向への輸送がある。しかし、河川内を浮遊するリターに関しては流速が早い満潮前後のみ輸送され、干潮前後には輸送が全くない。このため、流出フラックスと流入フラックスに大きな差はないと考えられる。つまり、水表面を浮遊するリターと、流体塊とともに輸送される溶存態および粒子態の有機物、栄養塩の輸送特性は大きく異なっている。

## 5.3 河口マングローブでの出水時の土砂・有機物・栄養塩動態

### (1) 出水時の土砂・有機物・栄養塩濃度の変化

図 5.3.1 に 2002 年 10 月 18 日 18：00 ～ 10 月 20 日 6：00 にかけての Stn.A における溶存態の有機物・栄養塩濃度（溶存態有機炭素（DOC）、硝酸態窒素（$NO_3$-N）、アンモニア態窒素（$NH_4$-N）、リン酸態リン（$PO_4$-P））と SS 濃度の時系

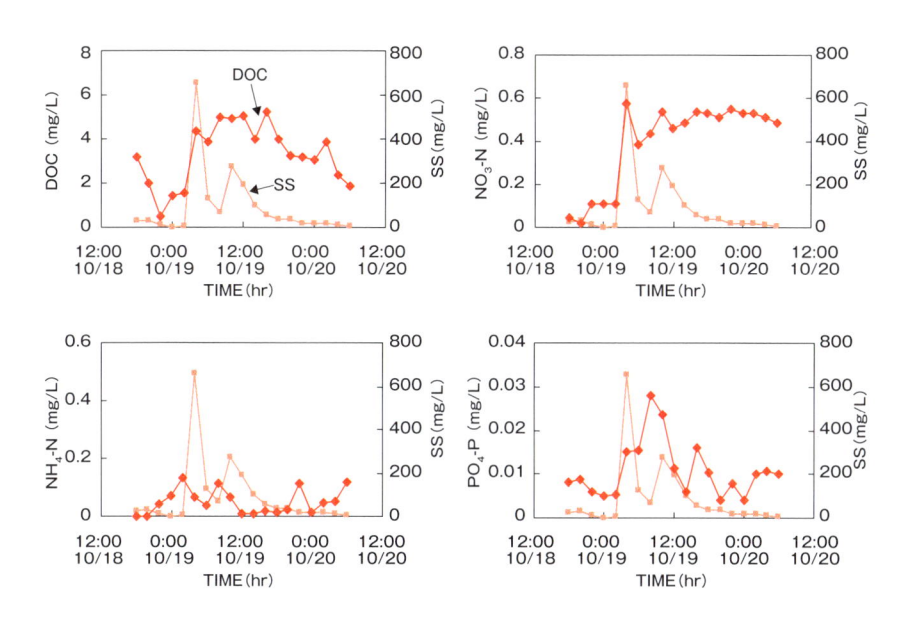

図 5.3.1　溶存態の有機物・栄養塩濃度と SS 濃度の時系列変化 (Stn.A)

## 5章 河口マングローブの土砂栄養塩類動態

列変化を示す（ここで示す溶存態の有機物・栄養塩および SS 濃度は河床底面から約 30cm の位置に設置した自動採水機から得られたデータである）。溶存態有機炭素濃度は、10月19日の出水では SS 濃度の増加にともなって増加しているものの、平水時の干潮時（10月18日18:00）の濃度と大差はない。硝酸態窒素は降雨後の SS 濃度の増加に伴って増加し、その後、SS 濃度は減少するにも関わらず、しばらくの間高い濃度を維持している。本観測では流域における地下水の採取・分析を行っていないため断定はできないが、これは流域の地下水中に含まれた高濃度の硝酸態窒素および亜硝酸態窒素が降雨後に浸透流として長い時間をかけて河川内に流入したことによるものと考えられる。リン酸態リンは大きな出水の起こった10月19日には SS 濃度の増加に伴って増加している様子が見られる。これは10月19日の出水においては比較的長い時間にわたって土砂の流出が続いており、上げ潮時に塩水が浸入してくることにより、土砂に吸着していたリンが放出されたためと考えられる。

図 5.3.2 に 10月18日18:00～10月20日6:00 にかけての神田橋（Stn.A）における粒子態有機物・栄養塩濃度（粒子態有機炭素（POC）、粒子態窒素（P-N）、

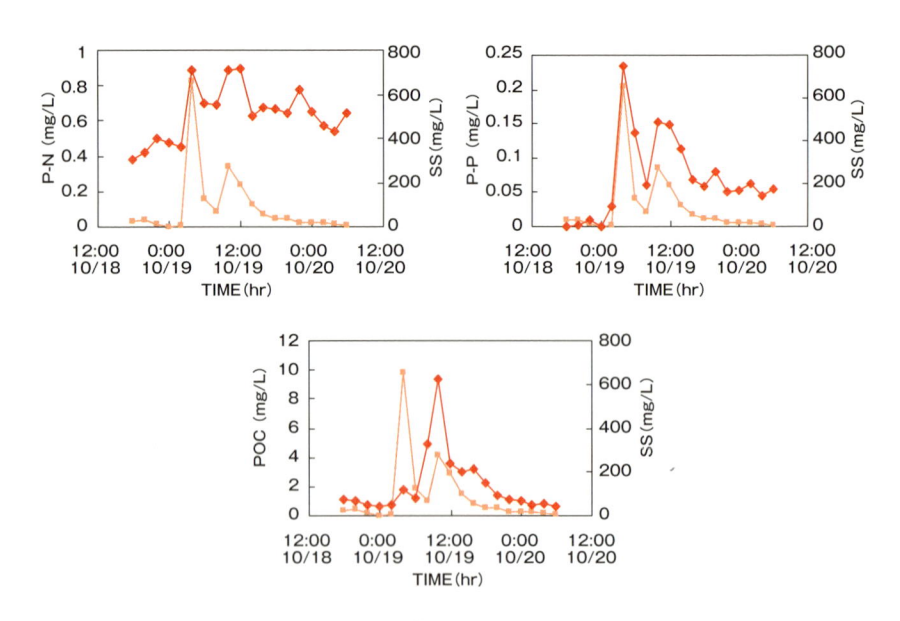

図 5.3.2　粒子態の有機物・栄養塩濃度と SS 濃度の時系列変化 (Stn.A)

粒子態リン（P-P））と SS 濃度の時系列変化を示す。粒子態の窒素濃度は、溶存態の窒素濃度（硝酸態窒素、アンモニア態窒素）と同程度であり、SS 濃度の増加に伴う増加はわずかに見られるものの、最大でも平水時の 2 倍程度の濃度である。これに対して、粒子態のリンおよび有機炭素濃度は SS 濃度の増加に伴って顕著な増加が見られ、平水時に比べて 10 倍以上の高い濃度となっている。また、出水時の粒子態のリン濃度は溶存態のリン濃度に比べて 10 倍程度高く、これは土砂に多くのリンが吸着して出水時に土砂とともに輸送されためであると考えられる。

（2）河川・林内での浮遊砂濃度と土砂堆積厚

マングローブ水域での浮遊砂輸送モデル（赤松ら（2004））を用いて、2002 年 10 月 8 日 0：00 〜 10 月 9 日 12：00 にかけての浮遊砂の動態とマングローブ林内への堆積状況について検討した。図 5.3.3 に R-B（マングローブ林内右岸）、Stn.B、L-B（マングローブ林内左岸）での 10μm 粒径の浮遊砂濃度および土砂堆積量の時系列変化を示す。Stn.B における水深変化および取水堰で計測された降雨量も同時に示す。10 月 8 日の午後の降雨時は干潮であったため、土砂は速やかに河口に近い Stn.B まで輸送されており、Stn.B における SS 濃度の顕著な増加が見られる。また、河川内の流量が増加する降雨時には河床の土砂堆積量が減少し、その後流速の低下とともに土砂の沈降によって土砂堆積量が増加している様子が見られる。マングローブ林内の右岸、左岸に位置する R-B、L-B においては、10 月 8 日の午後の降雨直後は下げ潮であり、林内への氾濫はなく SS 濃度はゼロである。降雨後の上潮時には、出水時にラグーンおよび沿岸域に運ばれた土砂を多く含んだ海水の浸入によって、R-B、L-B における SS 濃度は上昇し、林内に土砂が供給されている。

5章 河口マングローブの土砂栄養塩類動態

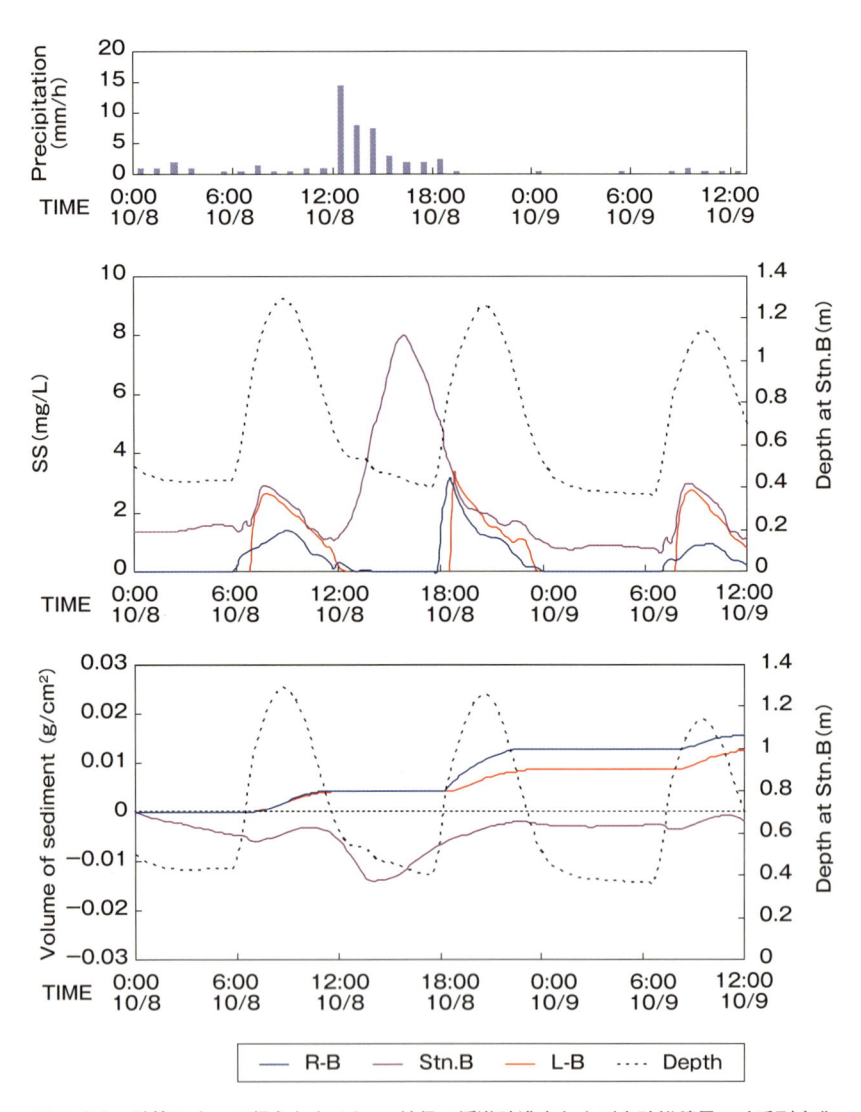

図 5.3.3 計算によって得られた 10μm 粒径の浮遊砂濃度および土砂堆積量の時系列変化

## 5.4 河口マングローブにおける土砂栄養塩収支

　マングローブ林から河川内への物質輸送は①林内のクリーク（小水路）、②地下浸透流、③林内土壌からの溶出の3つの過程によるものであると考えられる。林内土壌からの溶出は他の過程に比べて絶対量が少ないと考えられるので、ここでは、クリークあるいは地下浸透流を通した栄養塩の輸送に着目して、河口マングローブにおける土砂栄養塩収支について述べる。

### (1) 地下浸透流による栄養塩輸送

　地下浸透流による栄養塩輸送が重要になる小潮期（マングローブ林への海水の氾濫は満潮時の1時間程度）の引き潮時におけるStn.A～B間の河川内のリン酸態リン、溶存態有機炭素の流入・流出量と、引き潮時のマングローブ林からの地下浸透流によるリン酸態リン（$PO_4$-P）、溶存態有機炭素（DOC）の供給量を見積もった。その結果を用いて、図5.4.1に上流端のStn.Aからの流入量を100とした場合での、区間内でのマングローブ林からの地下浸透流および表層流による栄養塩供給の分配を示す。小潮期においては表層流だけではなく、地下浸透流がマングローブ林から河川内への有機物・栄養塩供給に大きな役割を果たしている。また、観測対象域では左岸のマングローブ林が有機物・栄養塩の主な供給源となっている。

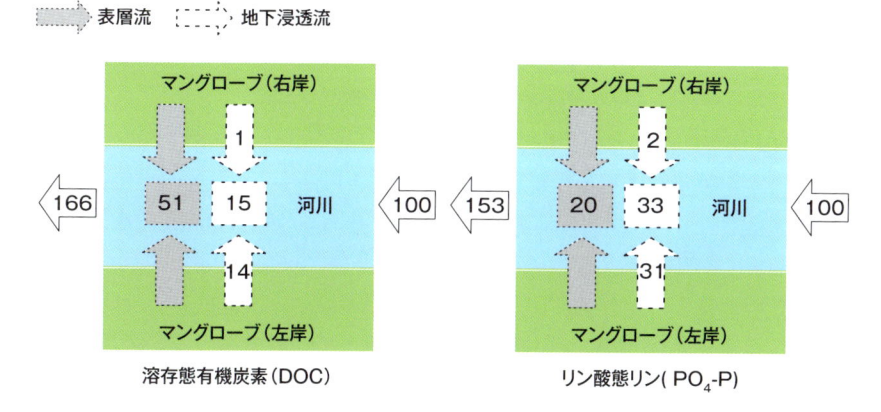

図5.4.1　小潮期の栄養塩供給の分配図

## （2）クリークによる栄養塩輸送

クリークによる栄養塩輸送が活発となる大潮期の引き潮時における Stn.A・B 間の河川内のリン酸態リン（$PO_4$-P）、溶存態有機炭素（DOC）の流入・流出量と、引き潮時のマングローブ林からの主要なクリークによるリン酸態リン、溶存態有機炭素の供給量を見積もった。その結果を用いて図 5.4.2 に上流端の Stn.A からの流入量を 100 とした場合の、区間内でのマングローブ林からのクリークおよびクリーク以外の表層流と地下浸透流による栄養塩供給の分配を示す。リン酸態リンに関しては地下浸透流による輸送が大きな割合を占め、クリークによるマングローブ林から河川への輸送の割合は小さい。また、大潮期においては、観測対象域内の主要なクリークも地下浸透流同様にマングローブ林からの栄養塩供給に重要な役割を果たしている。

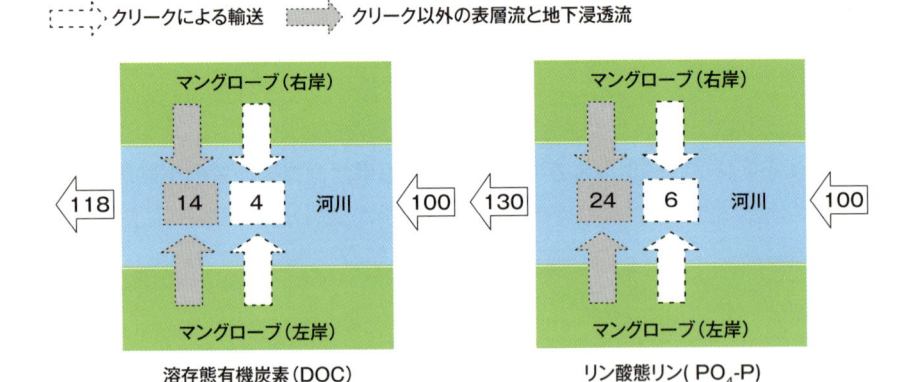

図 5.4.2　大潮期の栄養塩供給量の分配図

## （3）大潮・小潮時の栄養塩供給量

地下浸透流およびクリークによる物質輸送を考慮した物質循環モデル（赤松・池田（2004））を用いて、小潮・大潮期における 2 潮汐間での沿岸およびラグーンへの溶存態としての栄養塩（溶存態有機炭素（DOC）、リン酸態リン（$PO_4$-P））の供給量を見積もった。また、同じ期間における純粋なマングローブ林の生育する Stn.A 〜 B の区間での溶存態の栄養塩の供給量を Stn.A における流入フラックスと Stn.B における流出フラックスの差として見積もった。それぞれを表 5.4.1 に示

5.4 河口マングローブにおける土砂栄養塩収支

表 5.4.1　溶存態栄養塩のラグーン・沿岸域への供給量およびマングローブ水域からの供給量

|  |  | DOC | $PO_4$-P |
|---|---|---|---|
| ラグーン・沿岸域への供給量 (kg/2tide) | 大潮期 | 88.4 | 5.6 |
|  | 小潮期 | 116.0 | 3.0 |
| マングローブ水域からの供給量 (kg/2tide) | 大潮期 | 9.9 | 4.2 |
|  | 小潮期 | 1.8 | 2.2 |

す。リン酸態リンに関しては、沿岸およびラグーンへの供給に対してマングローブ水域内での供給が大きな割合を占めており、河口域にマングローブ林が存在することにより、周辺水域に多量の溶存態のリン酸態リンが供給されている。さらに、大潮期には小潮期に比べて 2 〜 5 倍程度のマングローブ水域からの溶存態の栄養塩の供給がある。これは潮汐によって豊富な栄養塩を有するマングローブ林と河川の間の物質交換が促進されることによるものであり、マングローブ生態系が周辺水域の栄養塩源として存在するには潮汐作用が重要であることを示している。

## （4）出水時マングローブ水域での土砂収支と沿岸サンゴ礁域での土砂堆積

マングローブ水域での浮遊砂輸送モデル（赤松ら（2004））を用いて、規模の違う 2 回の出水（a）および（b）（図 5.4.3）におけるマングローブ林内への粒子態リンの供給量を見積もった。対象域の上流端の Stn.A から出水時に流入した土砂に対するマングローブ林内にトラップされた土砂の割合とともに表 5.4.2 に示す。

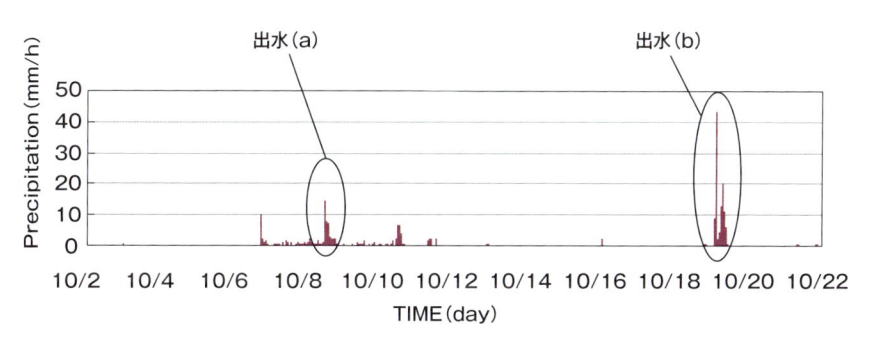

図 5.4.3　計算対象とした出水時の降雨量

表 5.4.2 溶存態栄養塩のラグーン・沿岸域への供給量およびマングローブ水域からの供給量

|  | マングローブ林内への<br>リンの供給量 (kg/ha) | マングローブ林の<br>土砂トラップ率 (%) |
| --- | --- | --- |
| 出水 (a) | 4.3 | 7.2 |
| 出水 (b) | 5.0 | 0.8 |

　マングローブ林によって有意な割合の土砂がトラップされており、土砂とともに粒子態リンがマングローブ林内に供給されている。また、粒子態リンの供給量は、平水時のマングローブ林内の表層 10cm の土壌中のリン含有量が 61kg/ha であったのと比べて有意なものであり、出水によってマングローブ林内の生物活動に必要不可欠なリンが供給されていると考えられる。

　出水 (b) に関しては、名蔵湾へ流出した土砂の挙動および湾内での土砂堆積状況について 3 次元流動モデル (赤松ら (2006)) を用いて検討した。図 5.4.4 に数値シミュレーションから得られた 10 月 19 日 9：00、10 月 19 日 13：00 および 10 月 19 日 20：00 の表層 SS 濃度の空間分布を示す。計算期間中の降雨時およびその直後は東風が卓越し、降雨後は北風が卓越しており、河川から流入した懸濁態物質は主に南岸に輸送されている。また、出水前の土砂堆積量をゼロとして、出水後の土砂堆積量の空間分布および土砂堆積量から推定したサンゴ礁被度を図 5.4.5 に示す (図中の白い部分は土砂堆積がほぼゼロの領域。そのため、サンゴ被

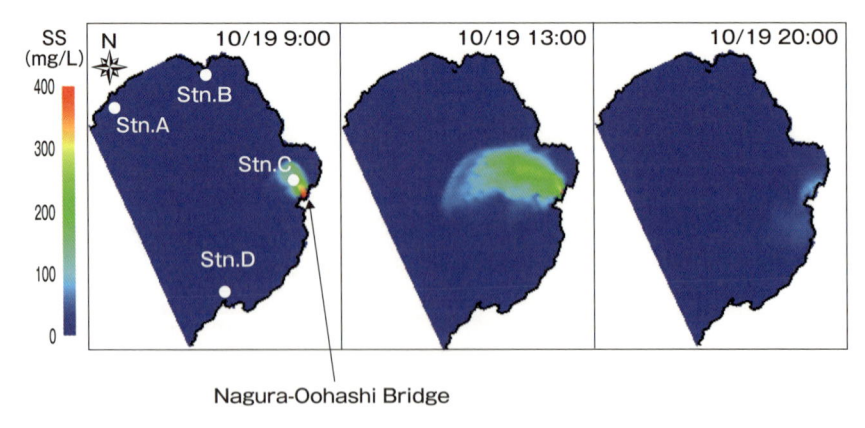

図 5.4.4　湾内の表層 SS 濃度の空間分布

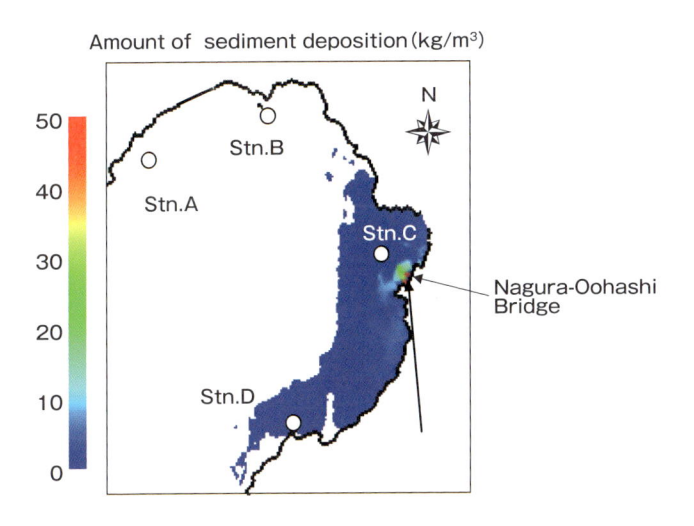

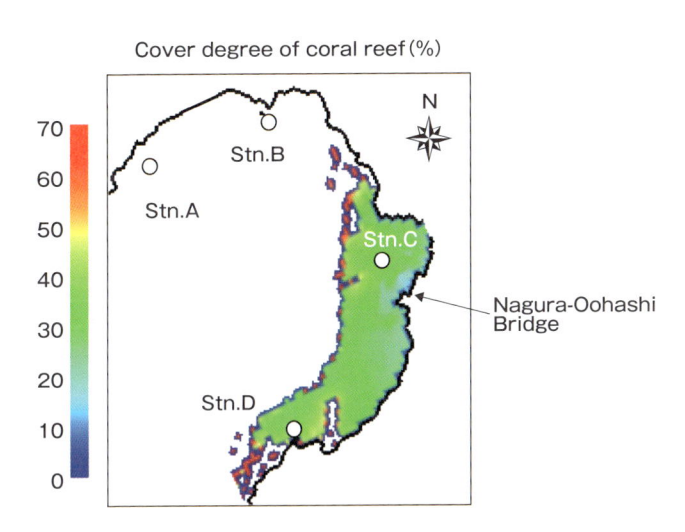

5.4 河口マングローブにおける土砂栄養塩収支

図 5.4.5 土砂堆積量および推定サンゴ礁被度の空間分布

度を予測できない領域である)。サンゴ礁被度は、沖縄県内 97 地点で調査された底質中懸濁物質含量(SPSS)とサンゴの被度の分布に関する以下の式を用いて算出した。

$$Y^{(1/2)} \leq -5.43 Log X + 15.6 \qquad (5.4.1)$$

ここに、$X$ は SPSS($kg/m^3$)、$Y$ はサンゴ礁被度(%)である。土砂堆積は主に名蔵川河口域およびその南側に見られ、名蔵川の河口域には最大で $45 kg/m^3$ の堆積が見られる。しかし、北岸にはほとんど土砂堆積は見られず、計算対象としたような大きな出水においても北岸のサンゴ礁は赤土堆積の影響をほとんど受けていないと考えられる。

**参考文献**

赤松良久、池田駿介：マングローブ水域における物質循環、土木学会論文集、No.768/Ⅱ-68、pp.193-208、2004.

赤松良久、池田駿介、中嶋洋平、戸田祐嗣：マングローブ水域における小潮期の有機物・栄養塩輸送―地下浸透流に着目して―、土木学会論文集、No.712/Ⅱ-60、pp.175-186、2002.

赤松良久、池田駿介、中嶋洋平、戸田祐嗣：マングローブ水域における出水時の粒子態物質輸送に関する研究、土木学会論文集、No.768/Ⅱ-68、pp.179-191、2004.

赤松良久、石川忠晴、池田駿介：湾内のサンゴ礁生息環境に関する数値シミュレーション、水工学論文集、第50巻、pp.1483-1488、2006.

## コラム 5

## 名蔵アンパル

　名蔵川河口には、アンパルと呼ばれる砂州で囲まれた干潟が存在し、名蔵大橋を経由して名蔵湾とつながる潟湖（ラグーン）を形成している。ここにはオヒルギやヤエヤマヒルギを中心とするマングローブ林が発達しており、170種にも及ぶ鳥類が確認されている。また、カンムリワシの採餌場、休息の場所としても知られている。観測をしているときにも、アンパル後背地にある木にカンムリワシがとまっていることを見かけることがあった。これらのことから、名蔵アンパルは 2005 年 11 月にラムサール条約に登録され、2007 年 8 月には西表国立公園の石垣島への拡張に伴い、西表石垣国立公園の特別地域（第1種特別地域 128ha、第 2 種特別地域 47ha）に指定された。砂州内部のアンパルもかつては竹富島の海岸で見られるような白い砂で覆われていたが、上流地域の開発や畑地からの土砂生産により赤土を含む土砂が名蔵川に大量に流入してアンパルや名蔵湾での堆積が進行した。現在では土砂堆積は比較的落ち着きを取り戻しつつあるが、土砂堆積のために名蔵川河口ではマングローブ林が急速に拡大している。（池田駿介）

名蔵大橋からアンパルを望む

名蔵川のマングローブ
（遠くの山は沖縄県最高峰の於茂登岳）

6章

# 赤土流出とサンゴ礁の保全・再生

6章 赤土流出とサンゴ礁の保全・再生

## 6.1 概要

　近年、流域における健全な水・物質循環の重要性が認識され、そのような中で育まれる生態系の保全に関する関心が高まっている。この典型的な例として、沖縄の本土復帰後の開発に伴う赤土流出問題が挙げられる。沖縄では復帰後の開発、農業の機械化などによって、雨水の流出形態が変化するとともに、赤土と呼ばれる微細土砂が流出して隣接する沿岸部に輸送され、そこに生息している世界的に貴重なサンゴの生態系に甚大な被害を及ぼしている。農地における侵食の様子を図6.1.1、沿岸域への流出の様子を図6.1.2、サンゴへの被害の様子を図6.1.3に示す。このような生態系へのインパクトにより、赤土汚染は水産資源や観光産業に多大な影響を与え、特に観光産業に依存している沖縄県にとっては重大な問題となっている。また、農家にとっても、激しい土壌侵食によって表土の流亡、肥料の流亡、作物の流亡、発生したガリによる営農作業の障害など様々な問題となっている。

　日本における土壌侵食に関する研究事例は他国と比較して多いとはいえない。これは、日本全体で見ると水田が多く、土壌侵食が問題として取り上げられる機会が他国と比較して少なかったためである。しかしながら、近年では、一筆の農地における土壌流亡問題だけではなく、農地を発生源とする土砂、栄養塩、農薬による汚染が河川、河口域、そして沿岸の生態系に大きなインパクトを与えていることが問題視されるようになり、農地における負荷の発生およびその流達の制御が重要な課題になっている。

　本章では、陸域、河川域、そして沿岸域から成る流域圏における統合的な土砂栄養塩の管理技術の確立を目的とした沖縄地方における一連の事例について紹介する。具体的には、河川および沿岸域における赤土流出の現況、サンゴおよびサンゴ礁の現状や管理・再生技術、赤土流出の抑制対策について説明する。

6.1 概要

図 6.1.1　農地における土壌侵食（本島恩納村）

図 6.1.2　沿岸域への赤土流出（石垣島宮良川河口、石垣航空基地所属機撮影）

図 6.1.3　赤土による被害を受けたサンゴ（石垣島名蔵湾）

## 6.2 石垣島の赤土流出の現況

### (1) 河川における赤土流出の現況
#### 1) 土地利用による土砂流出量の違い

　観測は石垣島名蔵川流域で実施した (図6.2.1)。図6.2.2にSt.A～Fの各観測地点における降雨イベント毎の土砂輸送量を示す。なお、濁度の変化が見られた降雨を、発生順にNo.1～5とした (No.1：58.5mm, No.2：44.5mm, No.3：45.5mm, No.4：152.0mm, No.5：81.0mm)。観測期間中 (2005年5月3日～2005年6月19日) におけるSt.Fでの土砂流出量の総和は91.7tであった。図6.2.3に各観測地点における観測期間中の比土砂輸送量を示す。なお、比土砂輸送量とは、土砂輸送量を観測地点に対応する流域面積で除した値である。St.AとSt.Bを比較すると、観測期間中の総土砂輸送量はSt.Aで24.0t、St.Bで26.1tとなり大きな差はなかった。一方、比土砂輸送量で比較すると、St.Aで4.1g/m$^2$、St.Bで12.0g/m$^2$となり、St.BがSt.Aの約3倍の値となった。各流域の土地利用を見ると、St.Aでは森林・樹林域が94%であり農耕地が存在しなかったのに対して、St.Bでは森林・樹林域が44%、農耕地が28% (サトウキビ1年目6%、パインアップル6%) を占めている。このように農耕地の存在が、土砂輸送量の差の主要な要因となっていると考えられる。

#### 2) 地形による土砂流出量の違い

　St.BおよびSt.Eは農耕地面積割合が大きい。しかし、St.Eの土砂輸送量または比土砂輸送量はSt.Bに比べて著しく小さい (図6.2.2、図6.2.3)。そこでSt.BとSt.Eの地形に注目する。St.BとSt.Eを比較するために、農耕地の中でも受食性の高い畑 (サトウキビとパインアップル) の斜面長別の面積率 (小流域の全面積に対するその斜面長に属する農耕地面積の割合) を図6.2.4に示す。さらに、サトウキビ夏植え1年目とパインアップル1年目 (以後、1年目と称する) と2年目以降のパインアップル、サトウキビ夏植え2年目、春植え、そして株出しのサトウキビ (以後、その他と称する) の2つのグループに分けて示した。これは、サトウキビ夏植え1年目とパインアップル1年目は観測期間中には裸地化しているのに対し、サトウキビ夏植え2年目、春植え、株出し、パインアップル2年目以降は植生が存在しているため、前者と後者では受食性が大きく異なると考えられるから

6.2 石垣島の赤土流出の現況

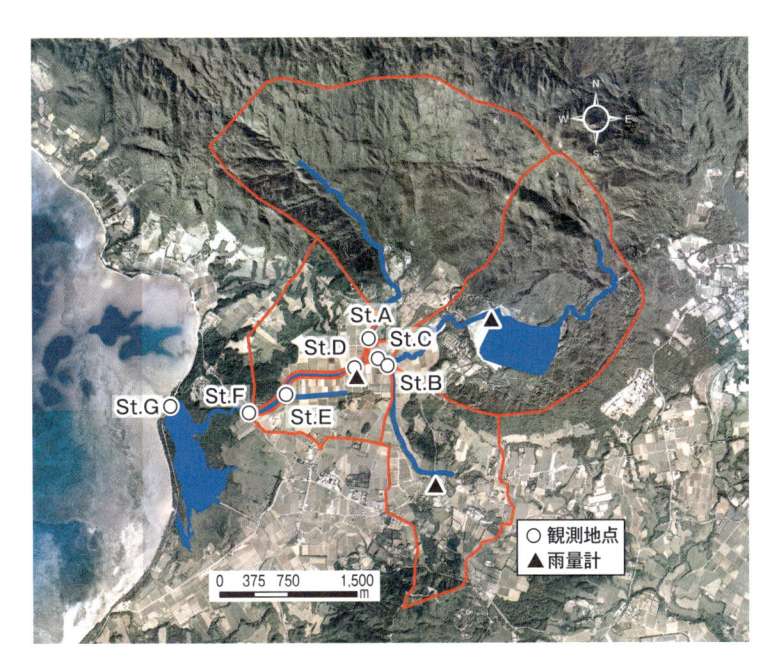

図 6.2.1　石垣島名蔵川流域の概要および観測地点
（航空写真：環境省国際サンゴ礁研究・モニタリングセンター）

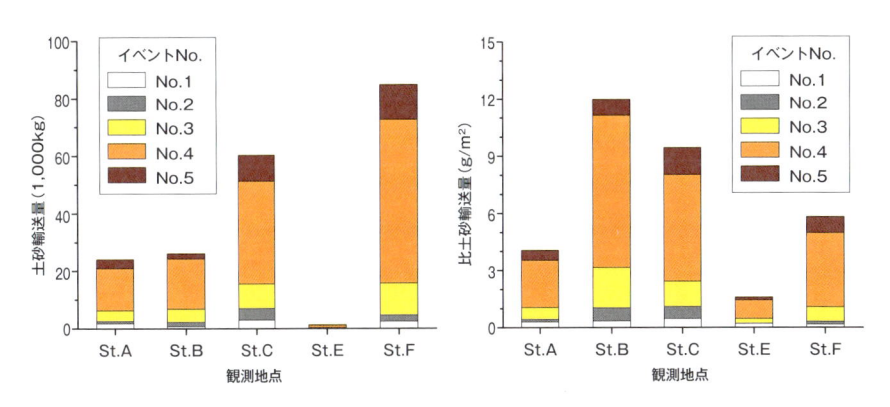

図 6.2.2　各観測地点における土砂輸送量
（高椋ら（2006））

図 6.2.3　各観測地点における比土砂輸送量
（高椋ら（2006））

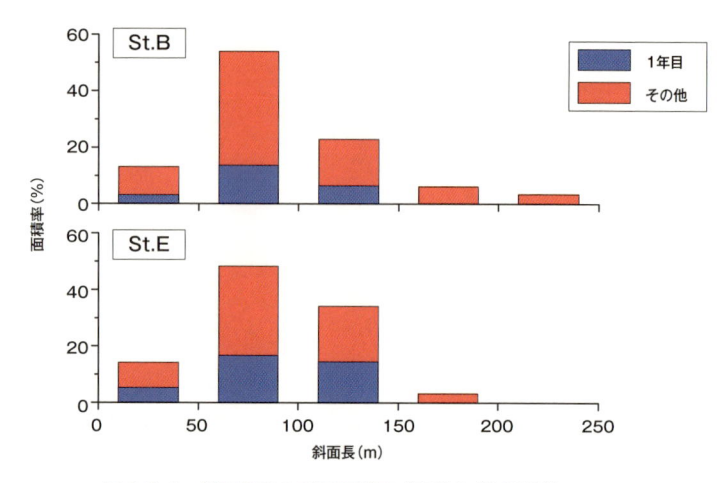

図6.2.4 斜面長別の斜面面積率（高椋ら（2006））

である。一般に、斜面長が長いほど、単位面積あたりの土壌侵食量は大きい傾向にあり、150m以上の農耕地は、St.Bで10％、St.Eで3％であった。150m以上の斜面長を持つ農耕地の割合は、St.Bの方が大きく、侵食されやすい状況であったといえる。なお、受食性の大きいと考えられる1年目に関して、St.BとSt.Eの間で大きな違いは見られなかった。

次に農耕地の平均勾配に注目する。斜面長と同様にサトウキビとパインアップルの勾配別の面積率を図6.2.5に示す。ここでも、1年目とその他の分類を行った。St.Eでは勾配3％未満の斜面が約93％（1年目28％、その他66％）に対して、St.Bでは約51％（1年目10％、その他41％）であった。また勾配4％以上の斜面は、St.Eでは約3％（1年目0.3％、その他3％）であったのに対し、St.Bでは約35％（1年目8％、その他27％）であった。St.Bでは、受食性の高い1年目の畑で急勾配の斜面割合が大きく、勾配が大きいことで、表面流による侵食および土砂の運搬が顕著であったと考えられる。以上のように、St.Bの方がSt.Eより土砂輸送量および比土砂輸送量が著しく大きいが、このことは前述の土地利用や営農方法の違いだけでなく、地形もまた重要な要因であることを示している。

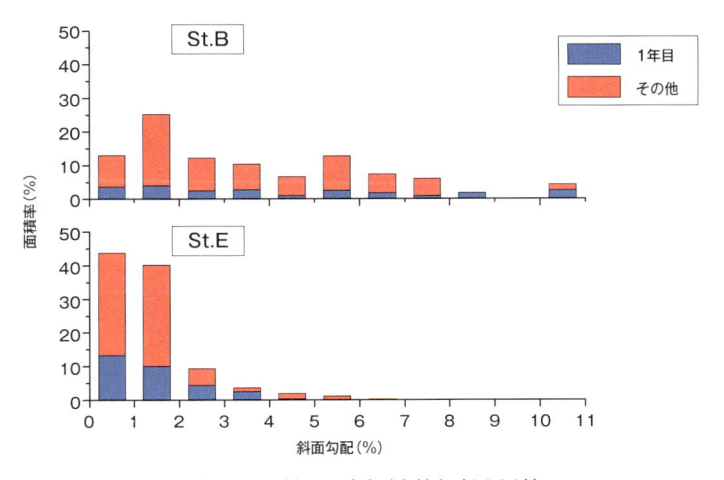

図6.2.5　勾配別の斜面面積率（高椋ら（2006））

### 3) 流域における土砂栄養塩動態

St.A～Gの河川および河口部における観測結果を図6.2.6に示す。なお、St.CはSt.Bの支流とダムを含む支流の合流地点に当たり、それぞれの支流における土砂輸送量を比較するために、St.CとSt.Bの差をSt.C*とした。また、St.E、St.F、St.Gは感潮域にある。さらに、窒素およびリンに関して、溶存態無機成分（$NO_3$-N、$NO_2$-N、$NH_4$-N、$PO_4$-P）とそれ以外の形態に分けて示した。2005年6月12日の降雨に着目すると、農地面積が大きい地域を含むSt.Bでは、溶存態無機窒素の輸送量が他の流域（St.A、St.C*、St.E）における輸送量より大きい。また、St.Bにおける全リンの輸送量もまた他の流域のそれより大きい。単位面積あたりの比輸送量でも同様であった。これらのことから、溶存態無機窒素やリンは、農耕地における肥料の流出が顕著に寄与していると考えられる。なお、それぞれの輸送形態として、溶存態無機窒素は表流水や地下浸透水、リンは侵食された土粒子に吸着して輸送されたと考えられる。

St.A～Eの合流後の観測地点であるSt.Fにおける全窒素の輸送量（527kg）は上流地点（St.A、St.B、St.C*）の輸送量の合計値（337kg）より大きい。それに対して、土砂やリンでは同程度であった。これは、流域下流部に存在するマングローブ林に堆積した有機物の巻き上げ（有機態窒素）や地下水の浸出（無機態窒素）が寄与していると考えられ、窒素動態は土砂に吸着した形態で主に輸送されるリ

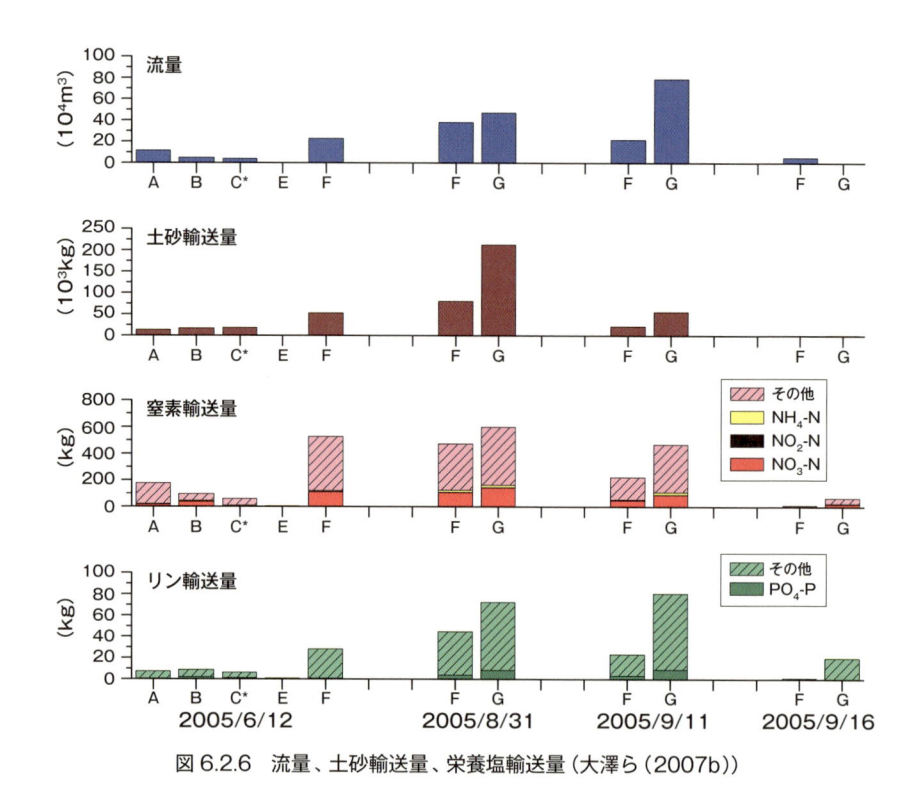

6章 赤土流出とサンゴ礁の保全・再生

図 6.2.6 流量、土砂輸送量、栄養塩輸送量（大澤ら（2007b））

ンの動態と特性が異なることが確認できた。

　降雨による出水が見られなかった 2005 年 9 月 16 日のイベントと降雨時の 2005 年 8 月 31 日および 2005 年 9 月 11 日のイベントを比較する。なお、St.G は河口部における観測地点であり、St.F 以外にも支川を有する。2005 年 8 月 31 日の土砂輸送量は、2005 年 9 月 16 日の土砂輸送量に対して、St.F では約 160 倍、St.G では約 150 倍となり、降雨に伴う輸送が支配的であった。

　一方、2005 年 8 月 31 日の全窒素輸送量は、2005 年 9 月 16 日の全窒素輸送量に対して、St.F では約 40 倍、St.G では約 10 倍となり、土砂輸送量と比較して小さい割合であった。これは、2005 年 9 月 11 日の降雨イベントでも同様であり、土砂と窒素の輸送形態が異なる結果となった。

　ここで、St.F における 2005 年 8 月 31 日および 2005 年 9 月 16 日のイベントでの降水量、流量、SS 濃度、窒素濃度の経時変化を図 6.2.7 に示す。2005 年 8 月 31

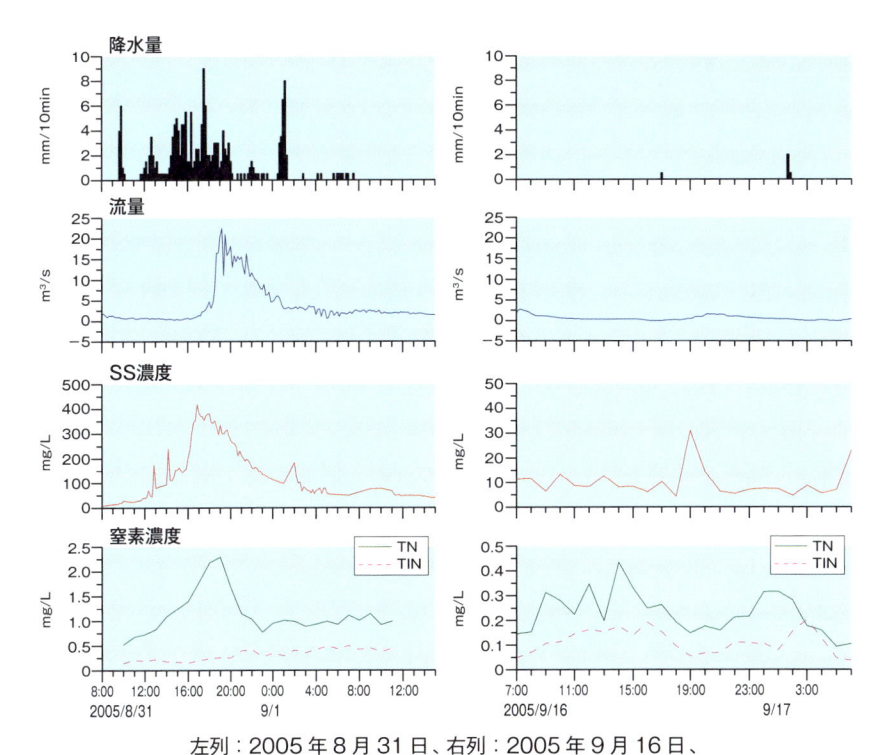

左列：2005 年 8 月 31 日、右列：2005 年 9 月 16 日、
TN：全窒素濃度、TIN：溶存態　無機窒素濃度（NO$_3$-N、NO$_2$-N、NH$_4$-N 濃度の合計値）

図 6.2.7　St.F における降水量、流量、SS 濃度、窒素濃度の経時変化（大澤ら（2007b））

日のイベントにおいて、降雨に伴う SS 濃度や全窒素濃度の増大後、溶存態無機窒素濃度が徐々に増大していることが分かる。また、2005 年 9 月 16 日のイベントにおいて、全窒素濃度に対する溶存態無機窒素の割合が、2005 年 8 月 31 日の出水時と比較して大きいことが分かる。これらの傾向から、降雨後または非洪水時において地下浸透流による窒素輸送が顕著であったと考えられる。以上のように、降雨による土壌侵食や有機物流出の寄与が大きい出水時と地下水の浸出の寄与が大きい平水時または出水後では、土砂と栄養塩の輸送形態が著しく異なる。

## （2）沿岸域における赤土流出の現況
### 1）湾内のSS濃度分布

　名蔵川などの河川が流れ込む名蔵湾において、表層水の採水を実施し、試料中のSS濃度や栄養塩濃度を測定した。SS濃度分布を図6.2.8に示す。このときの総降水量は87mmであり、名蔵川から流入した濁水の最大SS濃度は273.1mg/Lであった。赤丸印で示した降雨時の濃度は、青丸印で示した無降雨時の濃度より高かった。無降雨時の湾内の濃度は0.2～5.8mg/Lだったのに対し、降雨時の湾内の最大濃度は15.8mg/Lで無降雨時最大値の約3倍であった。湾内への濁水流入期間では、北北東の風が卓越していたため、この風によって湾内へ流入した濁水は、南南西方向に輸送されたと考えられる。農地開発が著しい宮良川流域の沿岸域である宮良湾内では、0.7～2.4mg/Lであった事例（澁野（2003））と比較して、名蔵湾内のSS濃度は同程度またはそれ以上であるといえる。また、3.7mg/L以上のSSが恒常的に存在した場合、多くのサンゴの光合成が阻害されることが報告されていることから（農林水産省（2002））、降雨に伴う陸域からの濁質の供給や強風に伴う堆積物の巻き上げなどで、サンゴへの影響が顕在化する可能性が示唆される。

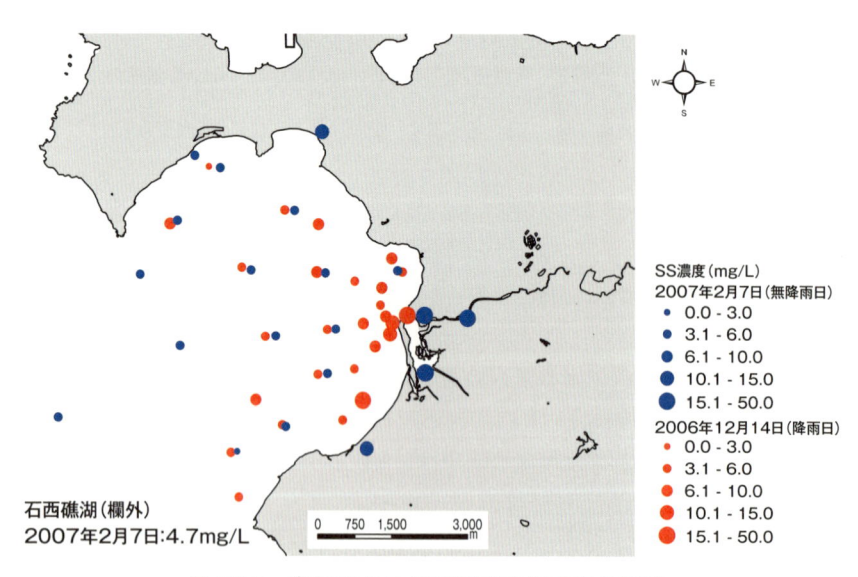

図6.2.8　湾内におけるSS濃度分布（石垣島名蔵湾）

## 2）湾内の栄養塩濃度分布

同時期における硝酸態窒素濃度分布を図 6.2.9 に示す。名蔵川から流入する濁水の最大濃度は 0.829mg/L であった。赤丸印で示した降雨時の濃度は、青丸印で示した無降雨時の濃度より高い傾向にあった。無降雨時の湾内の濃度は 0.001～0.007mg/L だったのに対し、降雨時の湾内の最大濃度は 0.131mg/L で無降雨時最大値の約 18 倍であった。降雨時の濃度分布に着目すると、河口付近や湾南部における岸に近い地点において他の地点より高い濃度が検出された。降雨に伴い河川から流出または地下水として浸出した窒素が湾内に分散したことが予想される。農地開発が著しい宮良川流域の沿岸域である宮良湾内では無降雨時で 0.006～0.045mg/L であったことが報告されているので（澁野（2003））、名蔵湾内の硝酸態窒素は比較的低濃度であるといえる。前項において述べたように、硝酸態窒素などの溶存態栄養塩は土砂と比較して、平水時の輸送量の寄与が高い傾向にあり、さらに対象地の地形が湾状であることから、今後、陸域からの窒素供給量が恒常的に大きくなった場合、富栄養状態となり、貧栄養環境を好むサンゴに影響を与える可能性がある。そのため、陸域における施肥管理や畜産施設における汚水管理には細心の注意が必要である。

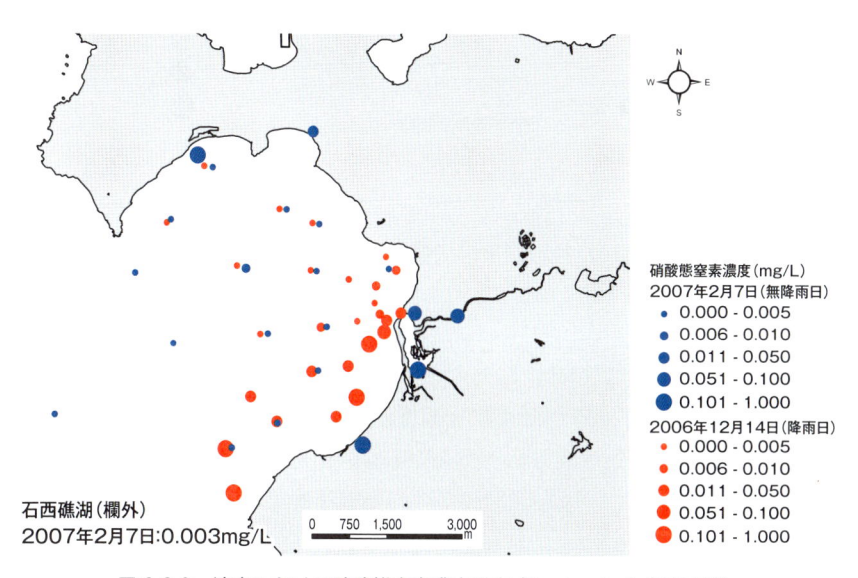

図 6.2.9　湾内における硝酸態窒素濃度分布（Ikeda et al.（2009））

## 3) 沿岸域における懸濁物質の堆積状況

同地域における底質中に含まれる懸濁物質含量（SPSS）の分布を図6.2.10に示す。2章表2.1.1で示したSPSSと底質状況、サンゴなどとの関係を参照すると、湾内のランクは5b以上であり比較的多くの懸濁物質が堆積していることが分かる。一方、人為的影響の比較的少ない石西礁湖では、ランクは4であり、サンゴへの悪影響は少ないようである。

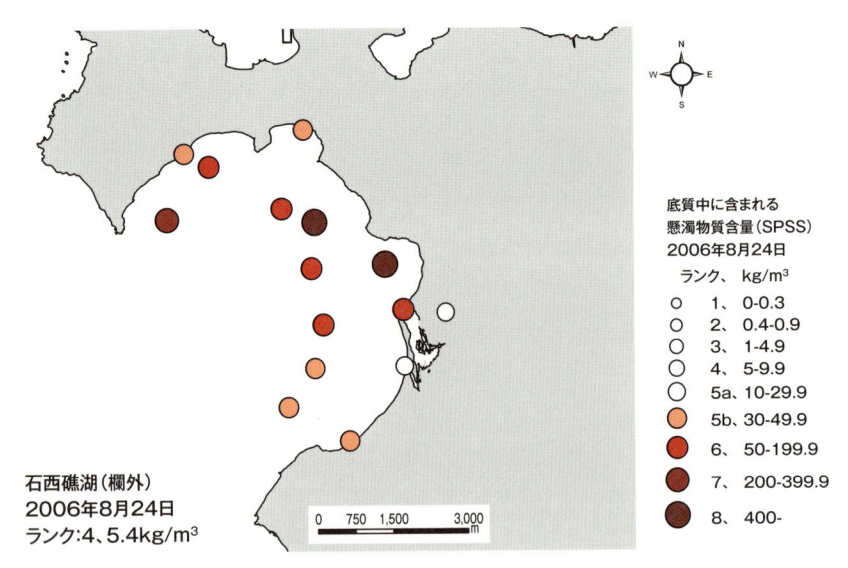

図6.2.10　底質中に含まれる懸濁物質含量（SPSS）分布（Ikeda et al.（2009））

## 4) 安定同位体比を用いた陸域由来の栄養塩負荷

石垣島名蔵湾の沿岸域において、河口からの測線上における海草に含まれる窒素安定同位体比を測定した。その結果を図6.2.11に示す。

陸域に近づくほど、同位体比が大きくなっていることが分かる。窒素安定同位体比は、河川水や地下水中では5～10‰程度の値を取り、外洋水では1～3‰程度の値を取ることが知られており、沿岸域の生物は陸域から供給される栄養塩の影響を顕著に受けている。このことから、過剰な施肥などによる栄養塩の大規模な流出は、サンゴをはじめとする沿岸域の生態系に甚大なインパクトを及ぼし得ることが分かる。

6.2 石垣島の赤土流出の現況

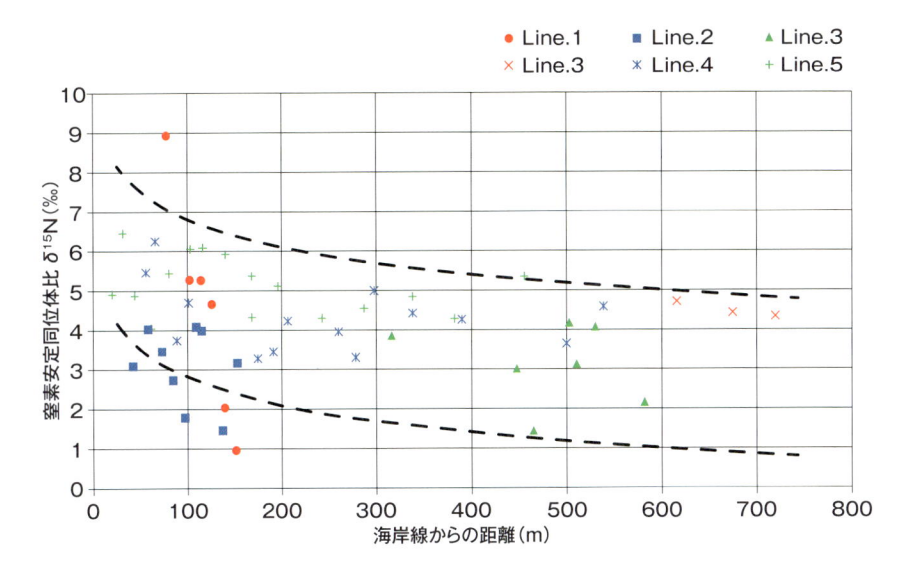

図6.2.11 石垣島名蔵湾の沿岸域における海草に含まれる窒素安定同位体比
(Ikeda et al. (2009))

## (3) GeoWEPPを利用した土壌侵食・土砂流出量の広域評価

2章2.3節で紹介したGeoWEPPを石垣島島内の主要23河川に適用し、島内の土砂流出状況を把握した(図6.2.12)。流域別に見ると、宮良川が$2.7 \times 10^4$t/y(全体の39%)、次いで轟川が$1.4 \times 10^4$t/y(全体の20%)であった。斜面毎の土壌侵食量を見ても、侵食が顕著な斜面が宮良川流域に集中していることが分かる。これらの流域を含む石垣島の南東部の白保海域には、世界的にも貴重なアオサンゴ群落が発達している。そのため、この海域周辺での過度の土砂流出は、環境保全の観点からも憂慮すべき状況である。このように、数値解析を援用することによって、土壌侵食や土砂流出の危険場所が明確になり、優先的に対策すべき流域の特定に役立てることができる。

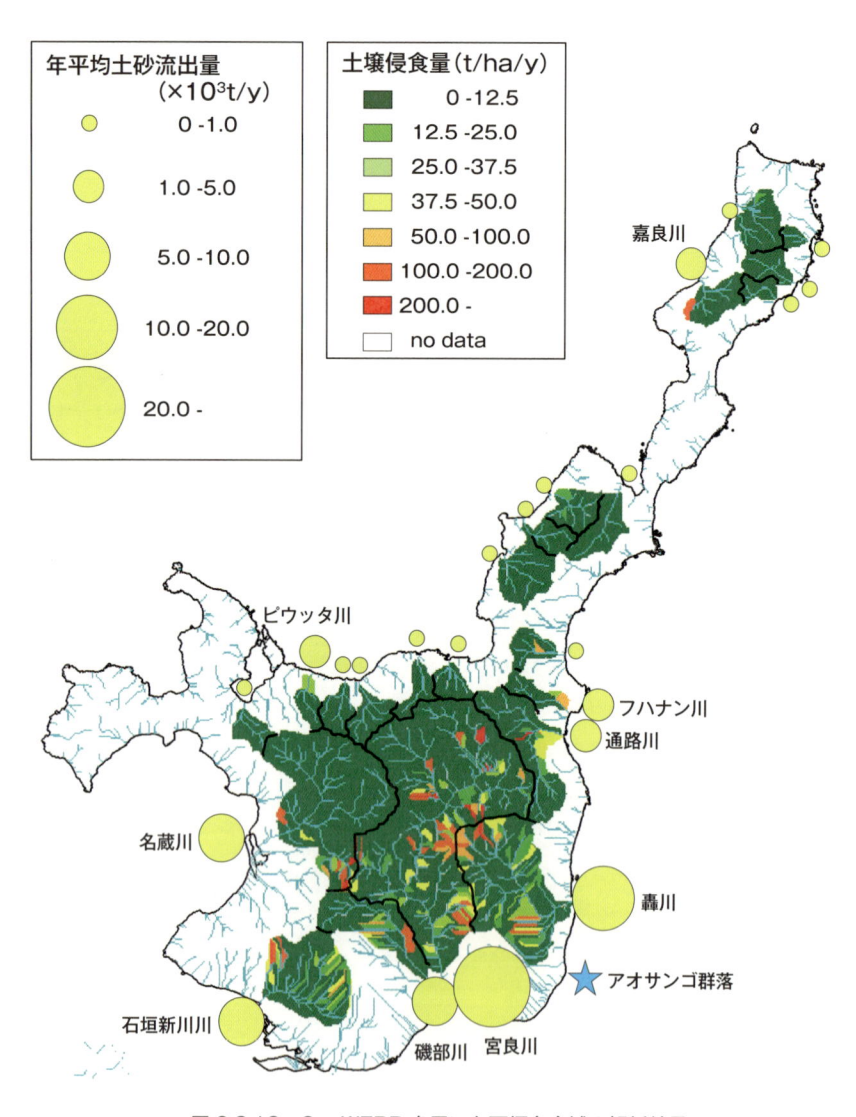

6章 赤土流出とサンゴ礁の保全・再生

図6.2.12 GeoWEPPを用いた石垣島全域の解析結果

## 6.3 石垣島名蔵湾のサンゴ礁の現状評価と将来予測

### (1) サンゴとサンゴ礁

　サンゴはイソギンチャクのような小さいポリプ（サンゴ虫）を単位とする動物で、石灰質の外骨格（炭酸カルシウム）の中に住む。それが分裂を繰り返して卓状、芝草状、樹枝状、塊状や被覆状などのサンゴに育つ（図6.3.1、図6.3.2）。1個のサンゴはポリプの集合体で、群体と呼ばれる。ポリプの体内に褐虫藻（直径約10μmの単細胞藻類Zooxanthella）を共生させているサンゴを造礁サンゴ（以下、サンゴ）と呼ぶ。ポリプは夜行性で、様々な小型生物や有機物などを食物とし、共生する褐虫藻は光合成によって糖類を作ってポリプに与えたり、海中に排出したりする。この動物と植物の共生によって、青く澄んだ貧栄養な熱帯・亜熱帯の海域で、活発に分裂を繰り返し成長する。サンゴの死後、骨格は海底に残り、他の石灰質を持つ生物の遺骸とともに、大きな岩塊状の地形であるサンゴ礁を形成する。サンゴ礁は北緯30度から南緯30度の、熱帯から亜熱帯の浅海域で形成されている。サンゴ礁に育つ様々なサンゴ群集は、サンゴ礁海域の重要な基礎生産者である。また海岸から少し沖合に形成されたサンゴ礁は、波浪を遮る自然の防波堤の役割を果たしている。サンゴ礁の複雑な地形と、サンゴの行う光合成によって、サンゴ礁には様々な生物が棲み、また産卵場や回遊の場となる。これにより貧栄養な海域に、生物多様性に富んだ、サンゴ礁生態系が形成される（西平ら（1995））。

　サンゴは海水の富栄養化による藻類との競合や、光合成に必要な光を阻害する濁りなどの影響で被害を受けやすい。またサンゴ礁海域は遠浅な地形のため埋め立てが比較的容易であり、沿岸域開発によるサンゴ礁の破壊、エビ類等の養殖場への利用による破壊が行われやすい。その他、破壊型漁業によるサンゴの被害、魚介類の乱獲による生態系の偏り、生活排水や農業・牧畜などによる富栄養化や赤土の流入被害、しばしば大発生するオニヒトデによる食害などの影響で世界各地のサンゴやサンゴ礁が減少を続けている。さらに近年は、地球温暖化の影響とされる海面水温の上昇によって、サンゴの白化・死滅現象が頻発し、絶滅の危機に瀕している。

6章 赤土流出とサンゴ礁の保全・再生

図 6.3.1　サンゴの群体形。中央やや右は大型の塊状ハマサンゴ、その左右は卓状ミドリイシ類（平たい薄板状）と芝草状ミドリイシ類（円形で少し盛り上がったもの）

図 6.3.2　サンゴの群体形。樹枝状ミドリイシ

6.3 石垣島名蔵湾のサンゴ礁の現状評価と将来予測

## （2）日本のサンゴ礁

　日本列島周辺のサンゴ礁は、概ね種子島以南で造られている。またサンゴの多くは黒潮と対島暖流の流域に分布し、その種類数は黒潮の源流近くに位置する八重山諸島で最も多い。その中で最大のサンゴ礁が「石西礁湖」（東西約30km、南北約25km。図6.3.3）であり、その東西にある石垣島と西表島周辺のサンゴ礁も広い。ミドリイシ属サンゴは、卓状、樹枝状、芝草状などの美しいサンゴで、約70種が生育している（図6.3.1、図6.3.2）。石西礁湖では、5月の満月とその前後の数日間の午後10～11時に、ミドリイシ類が一斉に産卵を行う（図6.3.4、Okamoto et al.（2005a、2010））。ミドリイシ類（のポリプ）は雌雄同体であり、産卵と呼ばれているのは、卵子と精子が詰まったバンドルの放出である。バンドルは浮上して海面で破裂し卵子と精子を放出する。これによって同じ種でも遠縁のサンゴとの体外受精を行い、遺伝子の多様性が高い幼生を大量に産出する。幼生は産卵後の3～10日くらいの間に、適切な着生基盤（サンゴ礁に生物が造った小さな穴や、サンゴの割れ目など）に到達できれば着生し、1個のポリプとなる（0.5～

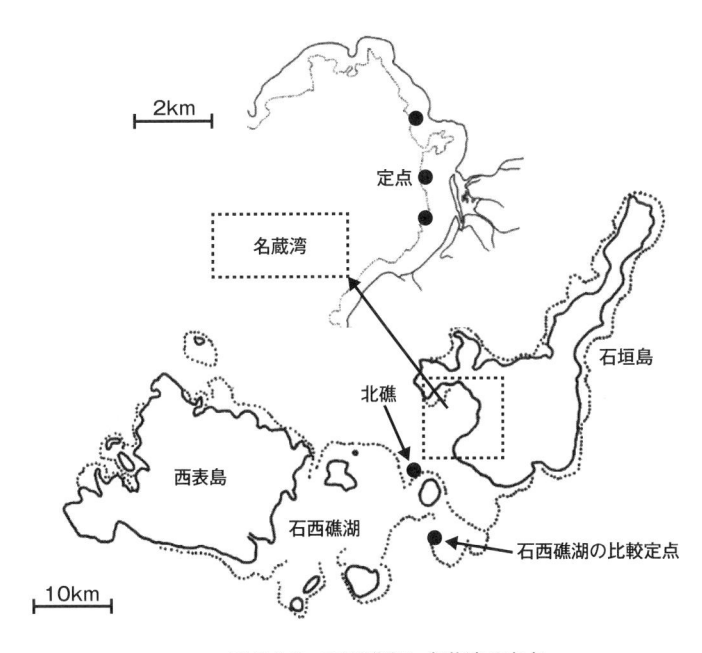

図6.3.3　石西礁湖と名蔵湾の定点

6章　赤土流出とサンゴ礁の保全・再生

図6.3.4　ミドリイシ属サンゴの一斉産卵（2000年5月、石西礁湖）

0.7mm)。しかし幼生のほとんどは、適地を得られずに海潮流によって広域に拡散される。ミドリイシ類は、塊状のキクメイシ類やハマサンゴ類などに比べ成長が速く、また幼生を広域に拡散させるため、傷んだサンゴ礁の回復の上で重要な種類である。

　1998年に起きた大規模な白化現象は、全国のサンゴに大きな被害を与えた。特に、美しいが環境の悪化に弱い、ミドリイシ類の被害が大きかった（Okamoto et al.（2005b））。石西礁湖では、その後も、2001年、2003年、2007年に白化が起き、ミドリイシ類のサンゴが全域で大規模に変動した。その中で、北礁（竹富島北側から小浜島北側にかけての長さ12～13kmの強固なサンゴ礁）では、1998年と2001年の白化でミドリイシ類が全滅した。しかし2008年には産卵が確認されるまでに再生し、2009～2010年には石西礁湖で最大のミドリイシ群集となった（岡本、未発表（2013）、図6.3.5）。このように北礁のサンゴ群集は、全滅から再生という劇的な変動を示した。

　北礁の北東約10kmには名蔵湾が位置している。名蔵湾は石垣島の西側にあり、湾口がおよそ6kmの、石垣島で最も広い水面を持つ湾である。湾奥中央には名蔵川が流れ込み、その流域には森林、サトウキビやパインアップル農場が広がり、河口部にはアンパル干潟がある。名蔵川は通常の河川に比べて短いが、熱帯のスコールに近い強い雨が降ると農地の赤土等は大量に湾に流入し海水を変色

図 6.3.5　石西礁湖北礁での大規模なミドリイシ属サンゴの白化死滅（上、1998 年）と再生（下、2009 年）

させる。このことは、名蔵湾に分布するサンゴに悪影響を及ぼしていると考えられている。

　サンゴの衰退が著しいといわれていた名蔵湾を対象に、河川からの流入物がサンゴに与える影響について、Roeroe et al.（2009）、Yap et al.（2013）らは 2006 年から調査を進めている。サンゴの現状把握、将来のサンゴ群集の変動予測のための調査研究、さらには同湾に育つサンゴの幼期の成長や生残を調べ、2014 年に至っている。ここでは、それらの調査の目的、手法、得られた成果、未解明の部分等について紹介する。

## （3）サンゴの現状把握

　その海域のサンゴがどのような状態にあるのかを知ることは、サンゴ礁調査の基本である。しかし名蔵湾のサンゴ礁は、石西礁湖北礁のような長大なものではないため、調査法は異なったものとなる。北礁で利用できるマンタ法（観察者がサンゴ礁の縁に沿って微速で曳航され、2分間隔の目視データでサンゴの被度を5段階に分類：0～10%、11～30%、31～50%、51～75%、76～100%）、やラインインターセプトトランセクト法（巻尺をサンゴ礁の各所に伸張し、1ヶ所で計100mについて、巻尺直下のサンゴ毎の長さと群体形状を記録）など（AIMS（1997））は利用できない。名蔵湾のサンゴは、点在する大きなサンゴの死骸などに生育しているため、基盤の形状が複雑で小規模である。このため、計測定点の地図作りから開始した。50mの測量用メジャー（KDS ROD）を目印になるサンゴ礁の間に張り巡らして基準測線とした（図6.3.6）。各測線の距離と方位を計測し、その上方からメジャーを中心にした広角写真（NIIKONOS 15mm f2.8）を連続的に撮影した。このデータから海底地形図を作成した（図6.3.7）。

　サンゴの現状調査では、サンゴの被度、サンゴの種類、主要なサンゴの3種の計測が基本となる。

　被度（%）は、小さなサンゴ礁（数10cm～5mほど）や岩盤が分布する地形では、2種の値を求める必要がある。定点の面積に対するサンゴの被度と、サンゴの着生基盤であるサンゴ礁や岩盤の面積に対する被度である。被度の変化を知るためには、2種の被度を概ね数パーセントの精度で求める必要がある。そこで定点で求めた地形図から、サンゴ礁、岩盤、砂地、死んだサンゴの礫で覆われた場所などの構成比を求めた。次に、メジャーを入れた写真で各所の生きたサンゴの被度を求め、2種の被度を得た。これによって、環境変動（水温、台風、大雨、オニヒトデなど）とサンゴ被度の経年変化などの調査研究が可能となった。

　生育するサンゴの種類を調べるにはかなりの知識が必要である。石西礁湖を含む八重山地方では、造礁サンゴは363種が確認され（西平ら（1995））、そのうちミドリイシ属サンゴは約70種である。サンゴの分類を正確に行うには骨格の微細な構造を顕微鏡で調べる必要がある場合が多い（図6.3.8）。この理由は、同じサンゴであっても地域（琉球列島内でも）や生息場所の違い（外洋に面した海域か否か）でかなり異なるためである。近年はサンゴの採取が規制されているため、鮮明な写真を撮って分類の補助とする。採取が許されるのは、おもに調査研

6.3 石垣島名蔵湾のサンゴ礁の現状評価と将来予測

図 6.3.6 海底地形図作成のために海底に測量用メジャーを展開し、上方からモザイク状に写真撮影を行った

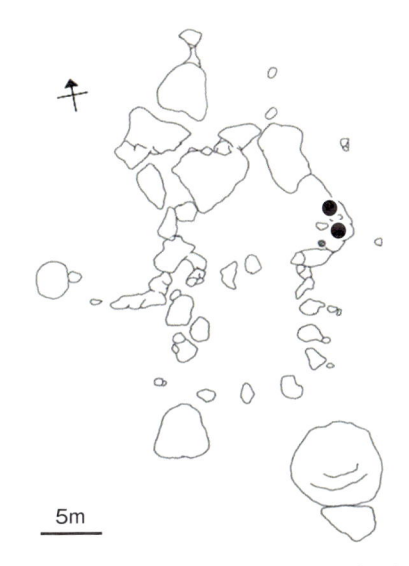

図 6.3.7 名蔵湾定点の海底地形図。黒丸は架台

6章 赤土流出とサンゴ礁の保全・再生

図6.3.8　ミドリイシ属と（左）とハナヤサイサンゴ科（右）の骨格

究のみで、知事許可制となっている（特別採捕許可）。分類には、スケールを入れたサンゴの全体写真と、サンゴの先端部や中央部のスケール入りの拡大写真とを用いる。分類が難しい種では、小さな枝先のポリプの形状とその組み合わせが分類の指標となるためである。

　卓越するサンゴの種類や種毎の被度などをより正確に求めるため、コドラート（方形枠）調査を行った。一般に樹脂製のパイプを内寸が1m四方になるように接着したものを用いる。名蔵湾では、直径6mmのステンレス棒を溶接して枠を作り、枠内に縦横に2本の細いステンレス棒を張り、9分割の計測ができるものを用いた。コドラートより広いサンゴ礁を選んでその上に乗せ、極力歪みがないように上方から写真撮影を行った（図6.3.9）。サンゴ礁上を移動できるところは、枠が重複しないよう注意した。撮影はNIKONOS RS（28mm f2.8）またはNIKON D700（28mm f2.8、ドームポート付ハウジング）を用いた。

　名蔵川の河口域に設置した3定点のうち、河口に最も近い定点（図6.3.3の中央、図6.3.7、河口の西北西約2km）の結果の概要を述べる。この定点は分散型のパッチリーフ（離礁）で、水深3.3mのサンゴ礫の海底から東西15m、南北38mの広さに分布している。パッチの面積が小さく、数が多いというのが特徴である。底質は、2006年5月現在で、生きたサンゴが25.3%、サンゴが生育していないサンゴ礁や岩36.7%、サンゴが死んで骨格がガレキ化した場所19.2%、砂地9.2%、その他9.2%であった。この定点には63種のサンゴが生育していた。内訳は、ハナヤサイサンゴ科4種、ヤスリサンゴ科2、サザナミサンゴ科1、ウミバラ科2、ヒラフキサンゴ科1、オオトゲサンゴ科3、ビワガライシ科2、アナサンゴモドキ属

142

図 6.3.9 コドラート（内寸 1m × 1m）を用いたサンゴの群集構造調査

3、ハマサンゴ科4、キサンゴ科1、キクメイシ科23、ミドリイシ科20（ミドリイシ属は12種）であった。また種毎の数や大きさを目視観察し、主要なサンゴを多い順に選んだ。ちなみに上位2種は、キクハナガサミドリイシとウスエダミドリイシであった。3位以下はイボハダハナヤサイサンゴ、トゲサンゴ、コブハマサンゴ、ヒラカメノコキクメイシであった。3位以下のサンゴは赤土の流入や富栄養化には強い種である。

## （4）稚サンゴの加入と生残を指標としたサンゴ礁の評価法
### 1）過去のサンゴの状況を知ること

　前項で述べたサンゴの現状把握は、定点に生育するサンゴの実態を明らかにすることが目的である。得られた結果を、各所のサンゴ礁の状況と比較することで、そのサンゴ礁が健全であるか否かを相対的に知ることができる。しかし、なぜそうなったのか経緯を知ることは難しい。高水温によって起きるサンゴの白化・死亡は、1998年以降の大問題であるが、それ以前にはオニヒトデの大発生による食害がある。隣接する石西礁湖のサンゴは、1970～1980年代と2000年代後半からの、2度のオニヒトデの大発生で大規模な食害を受けた。1972年の海中公園センターの調査でオニヒトデの発生が確認され（福田ら（1982））、1974年には八重山漁協による駆除が行われた。以後、全域で増加したオニヒトデによって

6章 赤土流出とサンゴ礁の保全・再生

図 6.3.10　オニヒトデの大発生（2009 年、石西礁湖）

1985 年頃にはサンゴがほぼ全滅に近い被害を受け、同時にオニヒトデの数も激減した（森（1995））。食害を受けたサンゴは 1990 年頃から回復を始めたが、2001 年頃から再びオニヒトデが確認されるようになり、2007 年から 2014 年現在まで大発生が起きている（図 6.3.10）。こうした被害によってサンゴの種類や群集構造がどのように変化したのかを知るには、被害を受ける前に詳細なデータが得られている必要がある。一般に、被害が起きてから緊急調査などが行われるが、そのタイミングでは生き残ったサンゴの現状しか明らかにできない。2006 年から始めた名蔵湾調査では、それまでどのようなサンゴ群集が生育していたのを示す情報は、塊状サンゴでは、直径が数メートルを超えるハマサンゴ類の死骸と、大小の生きたハマサンゴ類とキクメイシ類のみであった。その他のサンゴは、小型の卓状、樹枝状のミドリイシ類やハナヤサイサンゴ類などが生育し、少数ではあるが直径約 2m の卓状ミドリイシが生育していた。定点の 19.2％の広さに分布していたサンゴのガレキは、1998 年に死んだミドリイシ類の死骸が主体であったと推定できた。

　これらの結果から分かることはあまり多くない。サンゴの年齢は、塊状のハマサンゴであれば容易に知ることができる。ハマサンゴは着生した 1 個のポリプが同心円状に成長し、生きているのは表面の 1 層のポリプだけで、内部は骨格の死骸である。このため、樹木と同じように、骨格には 3 〜 8mm 幅の年輪が刻まれる

（Omata et al.（2005）、直径はこの 2 倍）。直径が 2m を超える大きなものは、少なくとも 100 才以上であることが分かる。しかしミドリイシ類には、年齢を示すものはなく、直径 2m を超える卓状ミドリイシが概ね 15 〜 20 才との推測できる程度である（野島（2006））。ガレキ化したサンゴはかつて豊かであったミドリイシ類の死骸で、1998 年の白化で死んだと推測できる。ミドリイシやその他の小型サンゴ類は 1998 年の白化後に生まれたものと推測できるが、その種類は白化後にここに生育していたものと同じであるのか否かは不明である。

　これらから得られる過去のサンゴ群集の情報は、「100 年以上前からハマサンゴ類がたくさん生育していた。また 1990 年頃からは、オニヒトデの食害で衰退していたミドリイシが回復を始め、1998 年の白化で全滅に近い被害を受け、その後少しずつ回復を始めた」くらいでしかない。サンゴが絶滅の危機にある状態のなかでは、絶滅防止対策のために有効な生態学的な過去の情報が必要である。

　一方、塊状のハマサンゴ類から得られる年齢、年輪間隔の変化、元素分析による過去の水温情報の解析など、地質学的な面からは極めて有効である。

## 2）今後の予測のためのサンゴ再生技術

　一斉産卵によって大量に産出されるミドリイシ属サンゴの幼生のほとんどが、着生適地（サンゴ礁に生物が開けた直径 10mm 以下の小さな穴や、サンゴの割れ目の溝）に到達できずに死亡すると考え、穴を開けた石材に幼生を着生させ、移植用種苗を得ることを計画した（Okamoto et al（2005））。サンゴ幼生はサンゴ礁の小さくてきれいな穴や溝の中（生物や泥などに占有されていない）に着生し、概ね 10 ヶ月ほどで穴から外に出て成長する。着生の 1 年後には最大直径が平均 7 〜 8mm となって目視観察が可能となる（Okamoto et al.（2010））。これらの知見を踏まえセラミック着床具を開発した（Okamoto et al.（2008）、図 6.3.11）。着床具単体は、小型軽量で幼生が着生しやすい形の着床板を持ち、着床具を重ねて着床板間の横溝の間隔を調整している。横溝の中に着生した幼生が成長し、溝から外に出るまでの約 10 ヶ月間、ナガウニや巻貝の食害を防ぐことができる。着生から 1 年半ほどの育成でサンゴは移植に適した大きさに成長する。移植は、サンゴ礁に着床具の脚が入る穴をドリルで開け、水中接着剤で固定する。セラミック着床具を用いた実験は石西礁湖で 2002 年から開始し、着床具とそれを重ねて配置する樹脂ケースは、その後も形状や材質に改良を加えている。

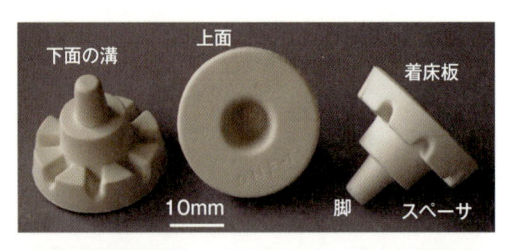

6章 赤土流出とサンゴ礁の保全・再生

図 6.3.11 セラミック製サンゴ着床具（上）と育ったサンゴをサンゴ礁に固定した様子（下）

　この技術は2004年から、石西礁湖自然再生事業で用いられている。この技術には次の4つの特徴がある。①移植用稚サンゴを得るプロセスのすべてをサンゴが育つ海中で行う、②一斉産卵で産まれた幼生が自然に着生するのを待つため、種の多様性と種内の遺伝子の多様性が保たれる、③再生の基本単位が小型の着床具ケースであるため、幼生着生海域、育成海域、再生海域間の移動が容易である、④サンゴが育たなかった着床具（移植に用いなかった）は容易に再利用できる、である。

　2002年、2003年に石西礁湖各所に着床具を設置し、産卵の3〜4ヶ月後に一部を回収して着生数のチェックを行った結果、設置場所によってミドリイシの着生数には大きな違いがあることが分かった。以後は、より多くの移植用種苗を得るために、設置海域の選定を、サンゴ礁に育った小さなミドリイシ（概ね産卵1年後で直径約1cmの被覆状）の密度で判断するようにした。着床具を用いるサンゴの移植は、サンゴが死んだサンゴ礁で行うのが基本的な考えである。ドリル

での穴開けと接着が容易なためである。しかし石西礁湖や名蔵湾では、砂地の海底に広く分布していた樹枝状サンゴの再生も重要な課題である。そこにはガレキと化したサンゴの骨格が累々と分布しており、表面は浮泥などで覆われ、サンゴ幼生が来遊しても着生することが極めて難しい。そうした海域では、ガレキを固めるか人工基盤を利用する以外に再生の道はない。

　そこで人工基盤として、JFEスチール（株）製のマリンブロックを用いた実験を続けている（小山田ら（2013））。このブロックは、製鋼スラグを細かく砕いて型枠に入れ、工場の煙から分離した炭酸ガスを通して固化したもので、製鋼スラグに含まれるCaOを$CO_2$によって$CaCO_3$（炭酸カルシウム）に変化させた多孔質構造である。海中で着床具を固定するための穴を開けても、海水をアルカリ性に変化させる恐れはほとんどなく、小さなサンゴに悪影響を与える恐れがない。海域に設置する際には、コンクリート素材で必要な前処理は不要で、適時サンゴの移植再生を行う場所に設置しておき、いつでも海中で穴を開けて移植を行うことができる。移植後、一部のサンゴが死んだ場合、新しい着床具を追加移植する、継続管理型のサンゴ再生実験が行われている（図6.3.12）。

図6.3.12　マリンブロック（1m×1m、高さ0.5m）への移植実験も成功
（2012年7月、宮古島）

## 3) 再生技術を未来予測に

　白化で大きな被害を受けたサンゴ礁は、過去の状況を知ることすら困難である。その状態で現状を把握しても得るものは少ない。そこで、サンゴの近未来の変化を予測するための調査を名蔵湾で行った。この調査は、サンゴ礁の衰退、または撹乱後の回復を左右する負荷要因の特定と、その後の対策を明確にすることを目標とした。

　サンゴ礁海域の今後の予測の上では、一斉産卵で大量の幼生を産出し、それを広範囲に拡散させるミドリイシ属の稚サンゴに注目する必要がある。この評価法では2種類の調査を行った。①幼生の着生量：着床具を一斉産卵の前に海域に設置し、産卵の3～4ヶ月後に回収し、直径2mmほどの稚サンゴの着生数と概略の種類を調べる。着床具は2006型120個を樹枝ケース（27cm×22cm、高さ21cm）に配置したものを用いた。②稚サンゴの1才までの生残：直径6mmないし10mmの穴を小型マリンブロック（30kg型。25cm×25cm、高さ18cm）の上面と側面に開け、一斉産卵前に海域に設置し、産卵の約1年後に穴の中に生育するミドリイシを計数する（Roeroe et al. (2009)）。名蔵湾の調査以降は、角型のマリンブロックから板（25cm×25cm、厚さ4cm）に変更した（Yap et al. (2013)）。2006年からの実験では、着床具2ケースとマリンブロック2個をステンレス架台に載せ、定点に2架台を設置した（図6.3.13）。なお名蔵湾では河口前の定点のほか、その定点の北部と南部にさらに2定点（各2架台）を配置し、石西礁湖の定点（竹富島南約5km）にも比較用に1架台を設置した。

　着床具に育った、産卵3～4ヶ月後の稚サンゴは、直径が1.5～3mmで、目視観察ではミドリイシ属であるかの確認はできない。着床具ケースを回収・乾燥して着床具単体とし、実態顕微鏡やデジタル顕微鏡（×10～50）で計測する（図6.3.8）。マリンブロックの穴に育ったミドリイシは海中で目視でも確認できるが、微細藻類の繁茂や浮泥の堆積している場合は、それらを掃除して注意深く確認する必要がある（図6.3.14）。

　名蔵湾で実験を進めてみると、それまでの石西礁湖では全く経験していない現象を目の当たりにした。石西礁湖では架台の汚損は軽微であったが、名蔵湾では、しばらくするとマリンブロックや着床具ケースの上面に微細な藻類が繁茂し、また繁茂した藻類に浮泥がふわっと乗っていた。この状態は3定点で異なっていた。その状況からだけでも、海水の富栄養化の進行（や栄養塩類の濃度）

6.3 石垣島名蔵湾のサンゴ礁の現状評価と将来予測

図 6.3.13　2006 年、2007 年の名蔵湾のサンゴの未来予測に用いたステンレス架台。
着床具は 12 段に重ねた束を 10 組、樹脂ケースに組み込んだ。
マリンブロックは上面に 6mm または 10mm の穴を 81 個開け、
4 側面に各 27 個の穴を開けた

図 6.3.14　石西礁湖のマリンブロック穴に育った 1 才ミドリイシの成長。
上：6mm の上面穴、卓状ミドリイシ。下：10mm 側面穴、樹枝状ミドリイシ。
(a) 2007 年 4 月、(b) 6 月、(c) 9 月

## 6章 赤土流出とサンゴ礁の保全・再生

は、名蔵湾が石西礁湖に比べてかなり高いと類推できるレベルであった（Roeroe et al.（2009））。

産卵3～4ヶ月後の着床具120個（ケース）あたりのミドリイシの着生数と約1年後のマリンブロックの穴100個に育ったミドリイシの数を比較することで名蔵湾と石西礁湖の、稚サンゴの生残の相違が明確に示された（図6.3.15）。2006年の着床具では石西礁湖、名蔵湾ともに着床具のサンゴは10個前後であった。産

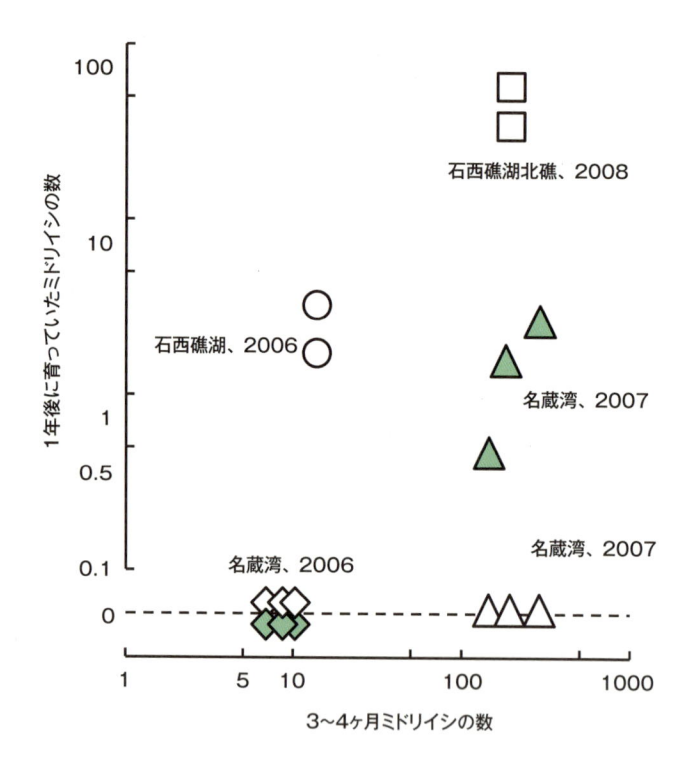

図6.3.15　2006～2008年のサンゴの一斉産卵で着生したミドリイシ属サンゴ。
横軸：着床具120個に産卵後3～4ヶ月段階で生育していたミドリイシの数。
縦軸：マリンブロックの穴100個に産卵1年後に育っていたミドリイシの数。
石西礁湖北礁のマリンブロックは上面穴のみ。石西礁湖は竹富島南約5km。
名蔵湾は本文中の定点のほか、その南北の2定点含む。
丸：石西礁湖2006、菱型：名蔵湾2006、三角：名蔵湾2007。四角：石西礁湖北礁。
白抜きの記号は上面穴、塗りつぶしの記号は側面穴。

卵1年後、名蔵湾では上面穴、側面穴に育ったサンゴはゼロ、石西礁湖では上面穴に3.2個、側面穴に0.5個が育っていた。2007年には、名蔵湾では着床具のサンゴが137～259個に増えたが、上面穴のサンゴはゼロ、側面穴で0.7～1.2個であった。2008年の石西礁湖北礁では、着床具は152個、上面穴は39、57個であった。このことから、2006年は石西礁湖、名蔵湾ともに幼生の来遊量はかなり少なかった。この状態でも、石西礁湖の穴の上面や側面には、わずかであるが稚サンゴが生育できた。それに対し、名蔵湾では全く生残しなかった。2007年は名蔵湾で幼生来遊量が約20倍に増えたが、上面穴にはサンゴは全く生残できず、側面穴にわずかに生残できた。2008年の石西礁湖北礁では、来遊量は2007年の名蔵湾より少なかったが、上面穴に平均48個のサンゴが育っていた。石西礁湖では幼生の来遊量が少なくても多くても、着生したサンゴは生残できる環境であった。名蔵湾は、幼生の来遊量が多くても上面穴では生残が難しく、側面穴ならわずかに生残できるに過ぎない。名蔵湾の問題点は、藻類や浮泥で穴が塞がることが、着生したサンゴを1才まで生残させられないことにある（図6.3.16）。

図6.3.16　名蔵湾に設置したステンレス架台の状態（2007年8月31日）。サンゴ類は白化中。着床具ケースやマリンブロックは藻類や浮泥に覆われているが、海藻ウミウチワが白化している

## （5）海水温上昇によるサンゴの白化予測

　1998年の夏季には、石垣島周辺や石西礁湖で大規模なサンゴの白化が起きた。しかしこの時期の石西礁湖の水温データは皆無であった。唯一得られたのは、石垣島地方気象台が石垣港で計測したものである。1914年から1996年4月までは1日に1回、それ以降は1時間毎の計測である。水温計測は2006年2月までで、それ以降は衛星データから得た値である。そこで1998年10月から石西礁湖内の2定点で水温計測を開始した。その後2001年と2003年の白化も経て、2003年までの白化時の水温と気温を比較した結果、容易に白化の予測が可能であるとの見通しを得た（Okamoto et al.（2007））。水温データロガー（ALEC製MDS）は自記式のため回収した後にデータを読み取る方式であった。設置回収は概ね半年間隔で、リアルタイムデータは得られない。白化の起きた2001年は、石西礁湖定点で日平均気温が30℃を超えた日は38日で、そこより東に約3km離れた別の場所では56日であった。前者は外洋に面し、後者はサンゴ礁に囲まれた比較的閉鎖的な場所である。こうした場所による水温の相違は当然であり、また水温は後日にならないと分からない。そのため、より適切で簡単に使える指標として気温を選んだ（図6.3.17）。

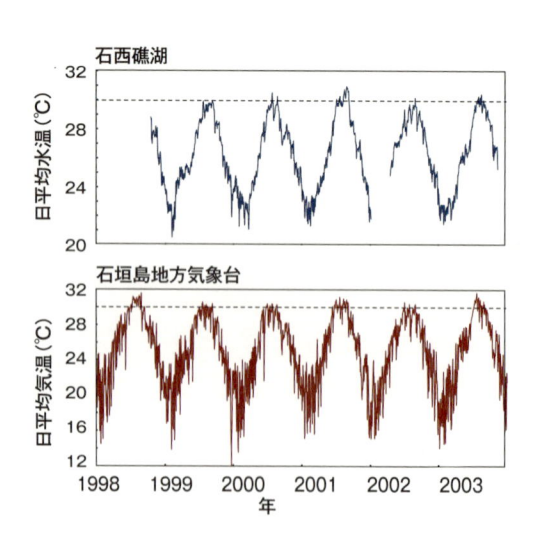

図6.3.17　石西礁湖の日平均水温と石垣島地方気象台の日平均気温。1998年、2001年、2003年は白化

6.3 石垣島名蔵湾のサンゴ礁の現状評価と将来予測

　白化のあった 2001 年と 2003 年は気温・水温ともに白化がない年よりも明らかに高かった。また 1998 年の水温データはないが、気温は相当高かった。サンゴに関連した水温で、一斉産卵は概ね水温が 26℃を超えた最初の満月時と考えていた (Okamoto et al. (2005a))。白化が関連するのはより高い 30℃以上と判断し、日平均気温が 28℃以上になる 6 月から 9 月の 4 ヶ月間の水温・気温に着目した (図 6.3.18)。

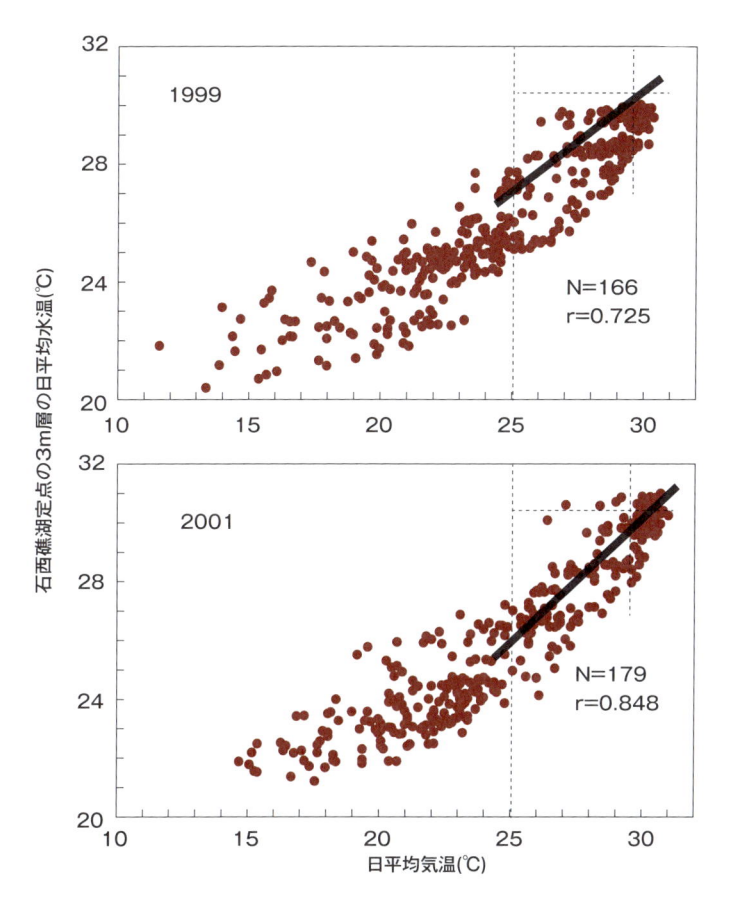

図 6.3.18　石垣島地方気象台の日平均気温と石西礁湖定点の日平均水温の関係 (6 〜 9 月)、2001 年は白化あり

両者は、高い温度帯で相関が高かった。次に6～9月の日平均気温を1974年まで遡り、30℃を超えた日数と30℃を超えた気温（30.2℃なら0.2℃）の累積値とを求めた。その結果、オニヒトデの食害でサンゴがほぼ全滅していた1988年（白化するサンゴがなかった）を除けば、30℃を超えた日が30日以上、なおかつ累積値が10℃以上のときに白化が起きていた。これで、簡便な白化予知法が得られた。8月と9月の日平均気温が30℃を超えたのは、1998年の23日が最大で、それ以外は最大19日（2001年）であった（Okamoto et al. (2007)）。このことから、7月末までに30℃を超えた日が10日に達しなければ、その年はまず白化はないと判断できる。予報については、気象庁のホームページで過去の気象データ検索（石垣島地方気象台）を見れば、前日までの日平均気温が分かる。7月末までの気温を注視すれば白化予報ができる。

同じ方法で2013年までの40年間の値（図6.3.19）を求めると、この指標で石西礁湖のサンゴが白化することが再度検証できた。ちなみに2007年は、1998年に次ぐ大規模白化が起きた（図6.3.20）。この時の、名蔵湾と石西礁湖の水温を示す（図6.3.21）。名蔵湾では、高水温時には石西礁湖よりも、概ね2℃高く推移していた。

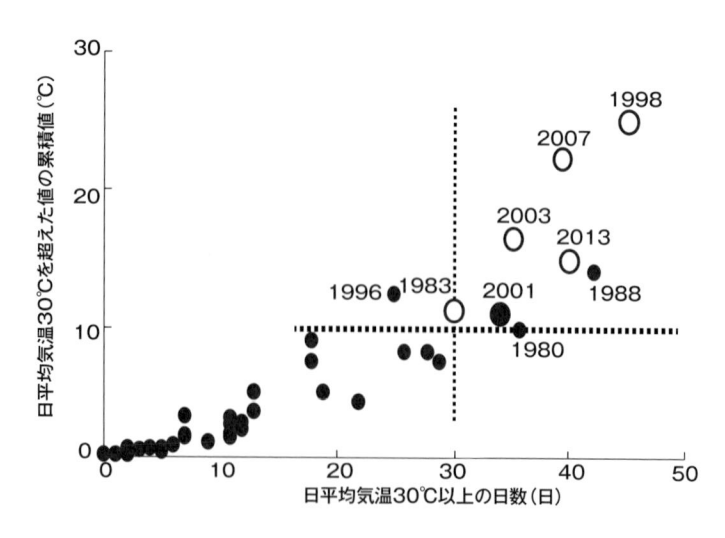

図6.3.19　石西礁湖でサンゴの白化が起きたときの石垣島地方気象台の気温（1974年～2013年）。白丸が白化のあった年

6.3 石垣島名蔵湾のサンゴ礁の現状評価と将来予測

図6.3.20 2007年のサンゴの白化。石西礁湖定点そば。それまでの1998年、2001年、2003年の白化を生き延びてきたミドリイシ類がすべて死滅

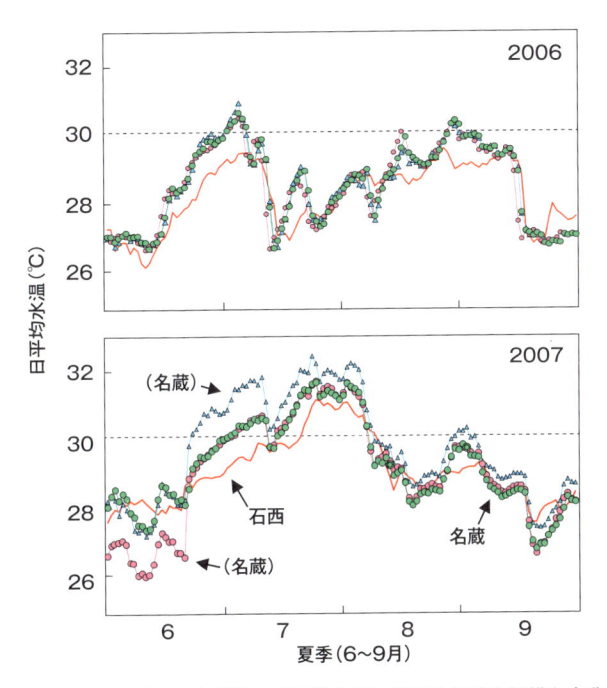

図6.3.21 石西礁湖と名蔵湾の日平均水温。2007年は大規模な白化が起きた

## （6）名蔵湾のその後

　2007 年の名蔵湾には石西礁湖以上のミドリイシ類の幼生加入があった。2008 年には石西礁湖北礁で一斉産卵が確認されているため、2007 年の増加は、石西礁湖北礁で再生したミドリイシ群集の一部が一斉産卵を行うまでに成長したためと判断した。

　石西礁湖北礁ではミドリイシの再生とともに稚サンゴの加入量が増加した。2003 年 2 月の調査で、北礁では大型のミドリイシ類が全滅した中で、10 ～ 20cm のクシハダミドリイシが散見された（他の小さなミドリイシ類とともに）。北礁の再生過程を知るには、このサイズのサンゴがいつ生まれたのかを知る必要があったが、残念なことに自然界のミドリイシ類の幼期の成長に関する知見は全くなかった。そこで、2008 年と 2009 年の一斉産卵で加入したミドリイシ類の稚サンゴ約 700 群体を、1 才から概ね半年毎に個体識別して成長追跡を行った。その結果、クシハダミドリイシを含む 3 種のミドリイシの 5 才までの成長と生残を明らかにできた。しかし樹枝状サンゴは少なく、その成長は不明であった（岡本ら、未発表 (2013)）。

　名蔵湾では、2006 年の現状調査の結果からは、堆積物に強いハナヤサイサンゴ科やハマサンゴ属などが多かった。着床具とマリンブロックの穴を用いた調査は 2008 年で終了したが、2009 年頃からは浮泥が多かったサンゴ礁に、樹枝状ミドリイシ類の稚サンゴが増えてきた。そこで 2010 年と 2011 年の一斉産卵で産まれたミドリイシ類の 1 才サンゴの成長追跡を開始した。現時点で 3 才半のデータが得られているが、名蔵湾のミドリイシは石西礁湖とは異なる種類であることが明らかになった（岡本ら、未発表 (2013)）。

　現在の名蔵湾は、ミドリイシ類によって再生が続いている。しかし石西礁湖北礁のような、卓状ミドリイシを主にした群集による回復とは異なり、芝草状ミドリイシが主である。この理由を、「石西礁湖と名蔵湾で来遊する幼生の種類が異なる」と考えるのは無理がある。名蔵湾と石西礁湖の環境で大きく異なるのは、名蔵湾に設置した着床具やマリンブロックに生育する微細藻類や大型藻類である。サンゴと生息場所が競合する藻類が繁茂して、その表面に浮泥や堆積物が付着してその場に留まり、サンゴの行う光合成を妨げている。外洋に面した北礁のミドリイシ類は、清浄な外洋水があって育つため、それらの多くは、名蔵湾では生残できない可能性がある。

名蔵湾のサンゴの再生は、2006年はミドリイシの加入の少なさから見て絶望的と判断した。しかし2007年以降の加入量の継続的な増加で再生途上にある。本来は北礁のような健全なサンゴ礁になれる加入量があるにも関わらず、名蔵湾では生残が難しいサンゴがあって群集構造が異なってしまう。また夏季には水温が石西礁湖より約2℃高くなることが、高温に比較的弱いミドリイシの生残を妨げている可能性もある。

## 6.4 赤土流出抑制対策

　赤土流出抑制対策は「営農的流出抑制対策」と「土木的流出抑制対策」に大別される。前者は農地において実施される対策であり、植生帯（グリーンベルト）の設置、葉殻等の残渣によるマルチング、不耕起栽培、間作（インタークロッピング）、深耕、輪作（リレークロッピング）、等高線栽培などの対策方法がある。後者は農地以外において実施される対策であり、土砂溜・沈砂池・砂防ダム等の堆砂施設の建設、排水路の建設、勾配修正工、畦畔工（斜面長修正）などの対策方法がある。本節では、この中のいくつかの対策事例をその効果ともに紹介する。

### （1）農地における土壌侵食抑制対策
#### 1）試験概要
　沖縄県石垣島の実際に営農されている畑地（斜面長約80m、勾配約3％）において試験区を設け、赤土流出の現況や各種対策効果を評価するための試験を行った。試験区の概要を図6.4.1、試験条件を表6.4.1に示す。本試験において、作物の被覆、不耕起栽培、植生帯、減耕起植え付け、間作などの対策効果が評価可能である。なお、サトウキビの春植え栽培とは2～3月に苗を植え付け、翌年の1～2月に刈り取る栽培方法で、株出し栽培とは刈り取り後の株を用いて生育させる栽培方法である。その他のサトウキビの栽培方法として、8～9月に苗を植え付け、翌々年の1～2月に刈り取る夏植え栽培がある。

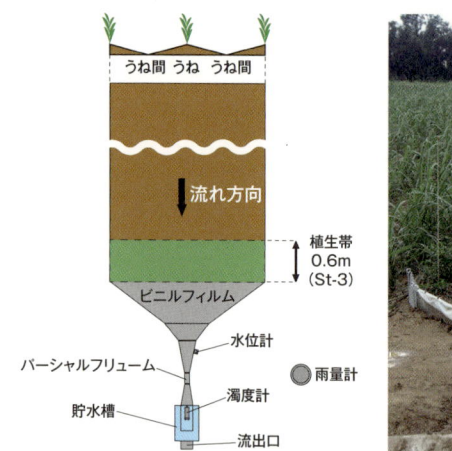

6 章 赤土流出とサンゴ礁の保全・再生

図 6.4.1 試験圃場の概要

表 6.4.1 試験区の諸条件

|  | 土地利用 | 作物 / 栽培方法 | 対策 |
|---|---|---|---|
| St-1 | 裸地 | なし | なし |
| St-2 | サトウキビ | サトウキビ / 春植え | なし |
| St-3 | サトウキビ | サトウキビ / 春植え | 植生帯 |
| St-4 | サトウキビ | サトウキビ / 無耕起・株出し | 不耕起栽培 |
| St-5 | サトウキビ | サトウキビ / 春植え | なし |
| St-6 | サトウキビ<br>クロタラリア (間作) | サトウキビ / 春植え | 減耕起植え付け<br>間作 |
| St-7 | サトウキビ | サトウキビ / 夏植え | なし |
| St-8 | サトウキビ<br>カボチャ (間作) | サトウキビ / 夏植え, カボチャ | 間作 |

## 2) 作物の被覆による侵食抑制効果

St-1 〜 4 は同一期間で行った試験であり、各試験区における土砂流出量を図 6.4.2 に示す。St-1 と St-2 を比較することによって、作物の被覆による侵食抑制効果を検証する。St-2 の土砂流出量は St-1 の 40% であり、削減率は 60% であった。降雨イベント毎の削減率で見ると、サトウキビの被覆率 27 〜 97% に対して、削減率は 39 〜 92% であった。作物の被覆率の増大に伴い、雨滴の衝撃が緩和され、土壌侵食が軽減されていることが分かる。

6.4 赤土流出抑制対策

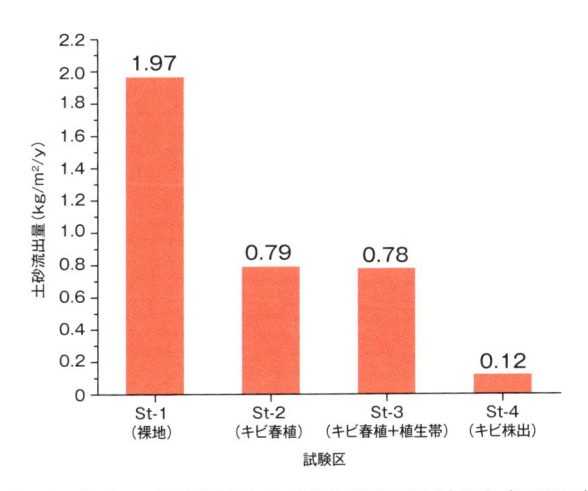

図6.4.2　St-1〜4の試験区における土砂流出量（大澤ら（2007a））

## 3）植生帯による流出土砂の捕捉効果

　植生帯（グリーンベルト）は畑地の末端に設けられ、植生による抵抗で表面流の流速を減じさせることによって、流下した土砂を補足する効果があると考えられてきた。沖縄県では、農地における赤土流出抑制対策として、強く推奨している。本試験におけるSt-2とSt-3の比較を行い、植生帯による流出土砂の捕捉効果を検証する。St-3の土砂流出量はSt-2の98％で、削減率は2％となった（図6.4.2）。この結果から、沖縄県において既に実用化されている幅0.6m程度の植生帯による土砂の捕捉量はわずかであり、効果的な削減を行うためには適切でないといえる。一方、沖縄県名護市における斜面長31.5m、平均勾配2％の畑地において、下端部に幅1.5mまたは3mの植生帯を設置した事例では、削減率は、それぞれ51％または63％であった（Shiono et al.（2004））。このように、十分な量の土砂の捕捉をさせるためには、土砂流出量に見合うだけの植生帯の幅が必要である。ただ、それでも植生帯が長い場合には水道ができ、ある場所に流れが集中して所定の効果を発揮できないことがある。なお、植生帯の幅が短い場合においても、土砂の捕捉ではなく、大規模な侵食が起こりやすい農地と排水路の接合部分における法面保護の目的のために植生帯を用いることは有効であると考えられる。

## 4）サトウキビの不耕起栽培による侵食抑制効果

St-4 に対する St-1 および St-2 の土砂流出量を比較することによって、無耕起状態での株出し栽培による侵食抑制効果を検証する。St-4 の土砂流出量は St-1 の 6％、St-2 の 14％であり、削減率はそれぞれ 94％、84％であった（図 6.4.2）。これは、サトウキビの株出し栽培は栽培方法上、新たな苗から生育させる春植え栽培より生育が早く作物の被覆率が高かったこと、前年期の収穫後、耕起を行わないことによって土壌の攪乱による侵食量の増大がないことや地表面にサトウキビの残渣が多く存在しておりマルチング効果があったことが、侵食抑制に大きく関与したと考えられる。また、St-2 と St-4 のサトウキビの収量は同程度であったことからも、サトウキビの株出し栽培の推進を今後、強めていく必要がある。

## 5）減耕起植え付けおよび培土後に施した間作による侵食抑制効果

St-5 と St-6 を比較することによって、減耕起植え付けおよび培土後に施した間作による侵食抑制効果を検証する。試験期間を第 1 期から第 3 期の 3 つに分けた。第 1 期は減耕起植え付けの効果のある期間、第 2 期は間作による影響のある期間、第 3 期はそれ以降のサトウキビの成熟期間とした。それぞれの期間における土砂流出量を図 6.4.3 に示す。

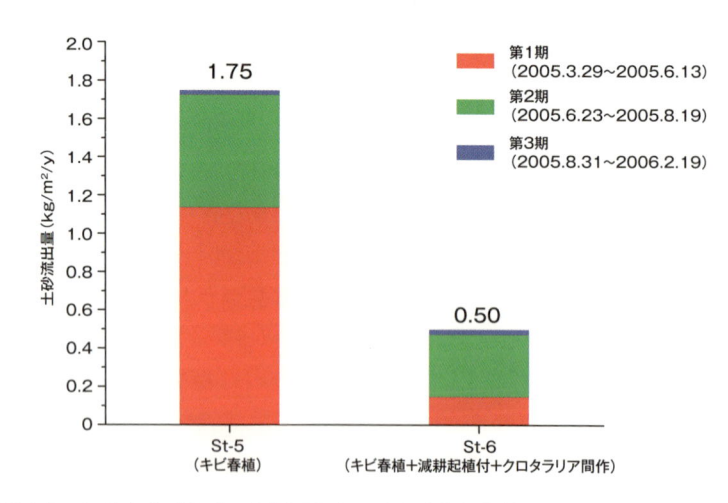

図 6.4.3 St-5 および St-6 の試験区における土砂流出量（大澤ら（2007a））
　　　　第 1 期：植付け期、第 2 期：間作期、第 3 期：成熟期

第1期では、St-5 に対する St-6 の土砂流出量の削減率は87%であった。この要因として、減耕起に伴い地表面の不撹乱部分が多く存在し、流水の掃流力による侵食が抑制されたこと、前年度のサトウキビの株をリビングマルチとして残したことや、耕起を行なわないために雑草が繁茂したことによって、地上の被覆率が大きくなり、雨滴の衝突による侵食が抑制されたことが考えられる。第2期では、St-5 に対する St-6 の土砂流出量の削減率は45%となった。これは間作作物のクロタラリアによる被覆によって雨滴の衝突による侵食が抑制されたこと、またクロタラリアを畝間に生育させたことで流水に対する抵抗として作用し、流水の掃流力による侵食が抑制されたことが要因と考えられる。第3期は、St-6 のカバークロップは枯死し、両試験区のサトウキビが十分に生長していた期間であった。台風時においても顕著な土壌侵食は見られず、土砂流出量は他の第1期および第2期と比べると微量であった。年間の削減率は71%であり、新しく苗を植え付けるサトウキビ栽培方法の対策としては有望であった。しかしながら、本対策で実施した減耕起植え付けに関する作業技術は確立しておらず、手作業に頼るところが大きいため、普及は難しい。さらに、St-6 の収量の減少が著しかったため（36%減）、実用化のためには栽培面での改良が必要不可欠である。

6) カボチャの間作による侵食抑制効果

St-7 と St-8 を比較することによって、サトウキビの畝間にカボチャを間作することによる侵食抑制効果を検証する。試験期間をカボチャの植え付け前後の2つの期間に分ける。第1期としたカボチャ植え付け前の期間では、両試験区ともサトウキビの夏植え栽培を行った。なお、St-8 では、カボチャの間作のために畝間を通常の2倍程度とり、堆肥を散布し、油圧ショベルで深耕した。第2期としたカボチャ植え付け後の期間では、St-8 においてカボチャの苗を植え、サトウキビの葉殻でマルチングをした状態で栽培した。

それぞれの期間における土砂流出量を図 6.4.4 に示す。第1期における削減率は92%であった。これは、深耕したために、雨水は地中へ浸透し、表面流がほとんど発生しなかったことによる。しかしながら、深耕後の降雨によって、透水性は徐々に低下し、表面流が顕著に発生するようになり、St-7 を上回る土砂流出量となる場合もあった。第2期における削減率は98%であった。これは、葉殻によるマルチングによって雨滴による衝撃が緩和されたことと表面流の流速が減少

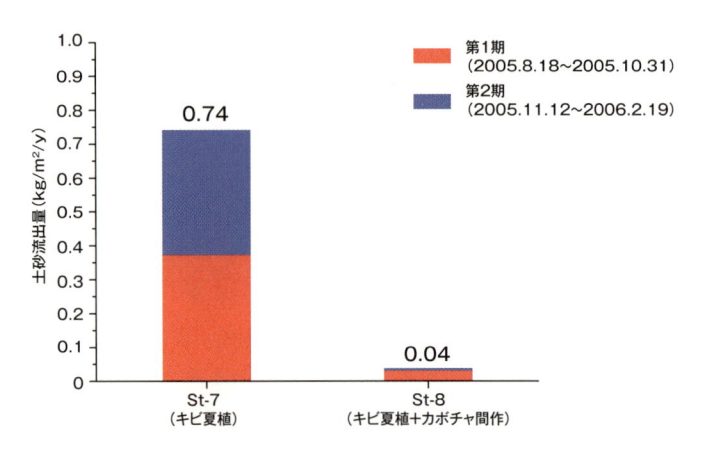

図 6.4.4　St-7 および St-8 の試験区における土砂流出量（大澤ら（2007a））
（第 1 期：カボチャ植付け前、第 2 期：カボチャ植付け後）

したことによる。期間全体の削減率は 95％となり、極めて高い侵食抑制対策であることが分かった。通常、カボチャは年に 2 回栽培され、さらにサトウキビの収穫も見込めることから、サトウキビ単独の栽培より高収入が見込める。諸経費を差し引いた純利益は現段階では算定していないが、侵食抑制および収益増大の両面で有効な方法となり得る。

### 7）農地からの栄養塩の流出

　土壌侵食とともに土壌中の栄養塩も流出する。ここで、St-1 〜 4 で測定された SS 濃度と全窒素濃度または全リン濃度の関係を図 6.4.5 に示す。両栄養塩ともに SS 濃度の増大に伴って増大する傾向にある。このことから、栄養塩の流出抑制の観点から考えても土壌侵食抑制対策が有用であると考えられる。ただし、硝酸態窒素やアンモニア態窒素成分は水に溶ける傾向にあるため、土砂流出量と必ずしも連動しないことに注意を払うべきである。例えば、サトウキビ栽培から畜産用の飼料栽培のために牧草地へ転用した際、高い植被率と透水性の増大によって土壌侵食は大幅に軽減されるが、牧草地に施用した化学肥料が浸透水とともに流出するようになる。このことからも、栄養塩流出に関しては、土壌侵食による成分（粒子態）と水の流出（表面流と浸透流）による成分（溶存態）に分けて評価することが必要である。

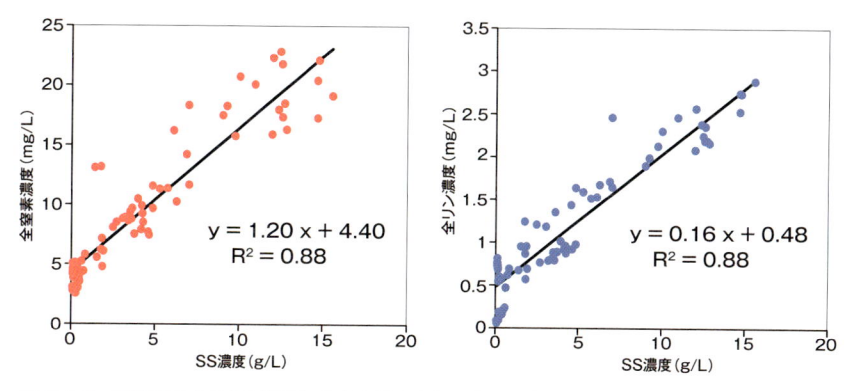

図6.4.5　畑地表流水のSS濃度と全窒素濃度または全リン濃度の関係（Ikeda et al.（2009））

## （2）沈砂池による赤土流出抑制効果

　沖縄県本島恩納村における2基の沈砂池（図6.4.6）で流入・流出土砂量の連続観測を行い、堆砂量を算定した。貯水容量はSB-4が98m³、SB-7が119m³であり、SB-7は全面に植生が繁茂していた。

　各沈砂池における降雨イベント毎の堆砂量および堆砂率を図6.4.7に示す。両沈砂池における堆砂量を比較すると、すべての降雨イベントにおいてSB-7の方が大きい。これは、規模が大きく、流路が複雑で、植生などの抵抗を持つ沈砂池の方が、流水の滞留時間が長く流水の減速効果が大きいので堆砂が顕著であったと考えられる。また、降雨イベント毎で比較すると、堆砂量は6月15日が最も大きく、6月12日、6月13日の順であった。これは、降雨イベント毎の流入土砂量の順と同様であり、流入土砂量が増加すれば堆砂量も増大する傾向にあった。

　堆砂率は、すべての降雨イベントにおいてSB-7の方が大きい。また、両沈砂池において、6月15日の堆砂率は6月12日や6月13日より小さい。特に、沈砂池SB-7の方が堆砂率の低下が著しい。沈砂池による堆砂率の違いは、前述の沈砂池の構造的な特徴の違いによる流水の減速によるものと考えられる。仲村ら（2007）はSB-7よりも大型の沈砂池（貯水容量9,200m³）における観測を実施した結果、堆砂率は53〜79%であったと報告している。また、降雨規模が大きくなるほど堆砂率は減少する傾向にあった。一方で、沈砂池は砂以上の土粒子はほぼすべて堆砂させる効果があるが、シルト以下の微細な土粒子の補足は十分ではないことが指摘されている。

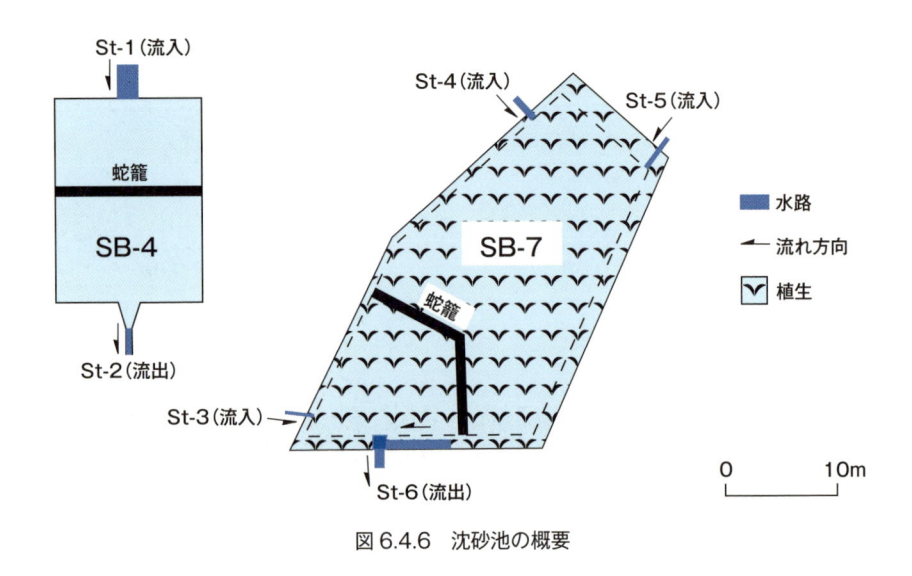

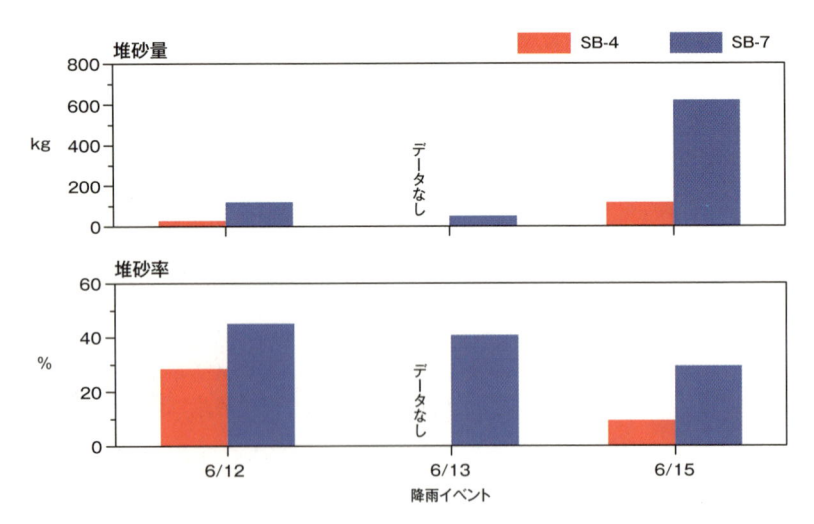

6章 赤土流出とサンゴ礁の保全・再生

図 6.4.6　沈砂池の概要

図 6.4.7　沈砂池における堆砂量（上）および堆砂率（下）（大澤ら（2004））

## （3）赤土流出抑制対策のまとめ

　圃場整備事業などによって勾配修正工や沈砂池の建設が各地で進んでいる。一方で営農的対策は農家が実施主体であるために、実施状況は低いままであ

る。赤土流出を効果的に削減するためには、営農的対策による発生源対策が不可欠である。サトウキビの株出し栽培に見られるように、対策方法によっては土壌侵食をかなりの割合で抑制させることもできるので、これらの普及・実施体制について強く推進させる必要がある。

表6.4.2に赤土流出抑制対策の種類とその効果についてまとめた。対策は土木的対策と営農的対策を合理的に組み合わせた形で実施されるべきであり、地域の気象条件や土壌条件などの物理的特性と営農形態や経済状況に応じて流域単位で実施されるべきである。計画立案の際には、2章2.3節や6.2節で紹介した数値シミュレーションによる予測も有用である。今後、栄養塩等の動態を含めたシミュレーション技術を確立し、これらの負荷に対するサンゴをはじめとした生態系への影響を定量化し、健全な生態系を維持するための排出許容量を目標値とした対策シナリオを策定することが必要となる。

表6.4.2　赤土流出抑制対策の種類とその効果

| 土地利用／対策 | 状況、効果、課題 |
| --- | --- |
| サトウキビ<br>新植（春・夏植）栽培 | 植え付け前、生育初期では被覆率が小さいので侵食は顕著である、生育後期では削減率は90%程度になる。 |
| サトウキビ<br>不耕起（株出し）栽培 | 作物残渣のマルチング効果によって生育初期でも90%以上の削減率となる。収量は春植え栽培と変らない。新植栽培後のみ栽培可能。 |
| サトウキビ減耕起植付＋間作 | 削減率は減耕起植付まで90%程度、間作まで40%程度、それらを組み合わせた場合で70%程度となり、新植栽培時の対策として有望。しかし、収量は著しく減少。 |
| サトウキビ<br>＋カボチャ間作 | 90%程度の削減率であり、新植栽培時の対策として有望、増収が見込まれるが労力が増大。 |
| 植生帯<br>（グリーンベルト） | 植生帯長さが十分でないと土砂の捕捉効果はほとんどない。<br>畑地と水路の境界部分の法面の侵食防止には有効。 |
| 勾配修正工 | 勾配が緩やかになるため、土壌侵食は軽減される。その反面、工事に伴い大きな費用がかかる。 |
| 等高線栽培 | 降水量が少ない地域、期間では有効であるが、大規模な降雨時には、畝が決壊し、大規模な土壌侵食につながる。 |
| 水田 | 土壌の流亡はほとんどないと考えられているが、降雨時や代かき時の濁水の流出が確認されている。 |
| 牧草地 | 侵食はほとんどない（削減率90%程度）。<br>肥料の下方浸透量が増大し、地下水の窒素汚染の危険性がある。 |
| 沈砂池 | 貯水容量によるが、大型の沈砂池で最大80%程度の削減効果。しかし、大規模出水時では堆砂機能が低下する。微細粒子の補足は十分ではない。 |
| マングローブ林 | 出水規模、潮位変動によるが10%程度の土砂捕捉効果がある。 |

## 参考文献

AIMS: Survey manual for tropical marine resources. Eds English S, Wilkinson C and Baker V. Townzville, Australia, 1997.

Ikeda, S., Osawa, K. and Akamatsu, Y.: Sediment and nutrients transport in watershed and their impact on coastal environment, Proc. Japan Academy, Ser. B, pp.374-390, 2009.

Okamoto, M., Nojima, S., Furushima, Y., Phoel, W. C. A.: basic experiment using sexual reproduction in the open sea culture of coral. *Fish Sci* 71, pp.263-270, 2005a.

Okamoto, M., Nojima, S., Furushima, Y., Nojima, H.: Evaluation of coral bleaching in situ using an underwater pulse amplitude modulated fluorometer, *Fish Sci* 71, pp.847-854, 2005b.

Okamoto, M., Nojima, S., Furushima, Y.: Temperature environments during coral bleaching events in Sekisei Lagoon, Bull Jpn Soc Fish Oceanogr 71, pp.112-121, 2007.

Okamoto, M., Nojima, S., Fujiwara, S., Furushima, Y.: Development of ceramic settlement devices for coral reef restoration using in situ sexual reproduction of coral, *Fish Sci* 74, pp.1245-1253, 2008.

Okamoto, M., Yap, M., Roeroe, K. A., Nojima, S., Oyamada, K., Fujiwara, S., Iwata, I.: In situ growth and mortality of juvenile Acropora over 2 years following mass spawning in Sekisel Lagoon, Okinawa (24°N), *Fish Sci* 76, pp.343-353, 2010.

Omata, T., Suzuki, A., Kawahata, H. and Okamoto, M.: Annual fluctuation in the stable carbon isotope ratio of coral skeletons: The relative intensities of kinetic and metabolic isotope effects, *Geochimica et Consmochimica Acta* 69, pp.3007-3016, 2005.

Roeroe, K. A., Yap, M., Okamoto, M.: Development of a coastal environment assessment system using coral recruitment, *Fish Sci* 75, pp.215-224, 2009.

Shiono, T., Tamashiro, K., Haraguchi, N., Miyamoto, T.: Use of vegetation filter strips for reducing sediment discharge during a rainstorm, participatory strategy for soil and water conservation, Mihara, M. and Yamaji, E. ed.s., Institute of Environmental Rehabilitation and Conservation, pp.55-58, 2004.

Yap, M., Roeroe, K. A., Lalamentik, L. T. X., Okamoto, M.: Recruitment patterns and early growth of acroporid corals in Manado, Indonesia, *Fish Sci* 79, pp.385-395, 2013.

大澤和敏、酒井一人、吉永安俊、田中忠次、島田正志：農業流域での多点同時観測による浮遊土砂動態の検討、農業土木学会論文集、229、pp.101-108、2004.

大澤和敏、池田駿介：農地での土壌侵食および流域圏での土砂・栄養塩動態－沖縄赤土流出問題の対策・評価技術－（Ⅰ）、水利科学、295、pp.1-15、2007a.

大澤和敏、池田駿介：農地での土壌侵食および流域圏での土砂・栄養塩動態－沖縄赤土流出問題の対策・評価技術－（Ⅱ）、水利科学、296、pp.1-24、2007b.

小山田久美・岡本峰雄・岩田　至：「マリンブロック」によるサンゴ礁再生技術の展開．JFE 技報．22、pp.31-38、2013.

澁野拓郎：サンゴ礁生態系の攪乱と回復促進に関する研究、環境省地球環境研究総合推進費成

果報告書、pp.9-115、2003．
石西礁湖自然再生協議会事務局：石西礁湖自然再生全体構想、環境省、那覇、pp.1-68、2007．
高椋　恵、大澤和敏、池田駿介、久保田龍三朗：石垣島名蔵川流域における土砂流出に関するGISの構築と現地観測、水工学論文集、50、pp.1033-1038、2006．
仲村渠将、吉永安俊、酒井一人、秋吉康弘、大澤和敏：沈砂池における浮遊土砂流出に関する現地観測、農業土木学会論文集、249、pp.47-53、2007．
西平守孝、Jen, V.：『日本の造礁サンゴ類』、海遊社、1995．
農林水産省：亜熱帯地域での農地からの細粒赤土流出防止技術の確立と海洋生態系への影響解明に関する研究、研究成果シリーズ、p.380、2002．
野島　哲：造礁サンゴの個体群生態、『天草の渚』(菊池泰二編)、東海大学出版会、pp.240-274、2006．
福田照雄、宮脇逸朗：八重山群島石西礁湖海域におけるオニヒトデの異常発生について、海中公園情報、56、pp.10-13、1982．
森　美枝：石西礁湖におけるオニヒトデ類とオニヒトデの推移、海中公園情報、107、pp.10-15、1995．

## コラム 6

## 西表国立公園

　西表国立公園は、1972年4月に琉球政府立公園に指定され、沖縄の本土復帰に伴い、同年5月に西表国立公園に指定された。公園区域である西表島には、亜熱帯樹林や河口にはマングローブ林が広がり、独特の自然と景観を示している。また、西表島と石垣島の間にはサンゴ礁の海域である石西礁湖が存在し、陸域が約2万ha、海域が5万2千haの公園区域を有している。石西礁湖はわが国最大のサンゴ礁群であり、360種類以上にも及ぶサンゴが確認されている。

　1962年からスタートした第2次国立公園切手シリーズの最後を飾る切手として西表国立公園が取り上げられ、西表島のマリュウドの滝と海中公園の風景を描く20円切手がそれぞれ1974年3月15日に発行されている。この切手は、第2次国立公園切手では唯一の多色グラビア印刷である。

　2007年8月には、公園区域が拡張され、石垣島の一部も編入され、西表石垣国立公園に改称された。石垣島の公園区域には、今回の研究フィールドである名蔵アンパルも含まれている（コラム5参照）。2012年3月には指定面積がさらに拡張され、海域が約7万haとなり、わが国最大の海域公園面積を誇っている。（池田駿介）

西表国立公園切手（海中公園、マリュウドの滝）

7章

# パラオ共和国の
# 赤土流出とサンゴ礁

# 7.1 赤土流出の現況

## （1）熱帯雨林気候の土壌の特性

　大きな産業がない途上国にとっては国土保全の基盤となる農地、環境資源を活用した生活基盤の確立は重要な課題である。わが国の石垣島でも観光資源は主たる資源であり、農地から流出する赤土は、サンゴ礁を中心とした自然環境への負荷となり、貴重な観光資源への影響が懸念されている。大澤ら（2007）は、営農形態と赤土流出、赤土流出とサンゴ礁への影響、流出対策法選択への住民の意識と工法の効果などについて総合的に研究を行ってきた。菅ら（2011）は 2010 年から 3 年間、パラオ共和国において造成地からの赤土流出量を推定する現地観測を実施してきた。

　太平洋島嶼国のツバルでの海面上昇と国土の浸水が話題になっているが、これら太平洋島嶼国の多くは火山活動によってできた島と、この火山活動に伴うサンゴ礁の隆起によってできた島で国土が構成されている。これらの太平洋島嶼国には、南の国の美しいダイビングスポットとして多くの観光客が訪れている。図 7.1.1 に示したパラオ共和国（Republic of Palau）も、開発に伴う赤土の流出と観光客の増加による環境への負荷増加、輸入品の増加に伴うゴミの問題などがクローズアップされている。また、赤土の流出は開発のみに起因するのではなく、降雨に伴って流出しやすい土壌の特性が流出に拍車をかけている。

　赤道近くのこれらの島国は熱帯雨林気候に属し、1 年を通じて高温、多雨である。パラオ共和国はこの気候区分に属しており、わが国では石垣島が亜熱帯気候区分に属している。これらの気候区分の国々では、土壌は多雨によってケイ酸分や塩基類が溶脱し、残った鉄やアルミニウムの水酸化物が地表面近くに集積した赤色土（red soil）を構成している。この土壌は生産性が低く、農業には適さない。また、多量の降雨水量のために土壌流出、土壌侵食が生じやすく、斜面崩壊や多量の赤土流出が自然環境に様々な影響を及ぼしている。さらに、農業に向かないやせた土壌のために焼畑農法やプランテーションが行われており、赤土流出に拍車をかけている。

　このような熱帯・亜熱帯気候の土壌の特性を十分に考慮した赤土流出抑制対策が重要な課題である。

7.1 赤土流出の現況

図 7.1.1 パラオ共和国

## （2）開発圧力と赤土流出

　海域における貴重な生態系を構成するサンゴ礁は、人間活動による影響を受けている。海水温の上昇による白化、オニヒトデ等による食害、陸域からの土砂流出による光合成阻害、農地、工場、家庭の排水に含まれる栄養塩や汚染物質による成長阻害が挙げられる。Bryantら（1998）によると、世界中のサンゴ礁の22％が土壌侵食と陸域由来の汚染の影響を受けていると指摘されており、またBurkeら（2002）によると陸域での開拓が進んだ国では50％が危機に晒されているとも報告されている。

　また、Golbuuら（2011）によると、パラオ共和国のガリキル（Ngerikiil）川河口のアイライ（Airai）湾では150t/km$^2$/年の土砂が堆積していると推定されており、サンゴ礁が土砂に覆われている。この赤土流出量は、未舗装道路、空港建設、住宅地造成が主要な要因である。ガリキル川河口域に流入した土砂量の15〜30％がマングローブ林に捕捉され、残りの98％がアイライ湾の外に流出せずに湾内で堆積したと指摘されている。さらに、Golbuuら（2011）は、沿岸域における土砂の堆積量や浮遊物質濃度とサンゴの個体数や個体密度には相関があると報告し、パラオ共和国における土砂流出がサンゴ礁に悪影響を与えていることを示した。

　パラオは第一次世界大戦終結後、日本の委任統治国になり、現地住民の生活環境の整備、学校、病院などの建設、インフラ整備、パインアップル工場、リン鉱石の採掘などの殖産興業により、第二世界大戦終結までは日本からの移住（多い時で2万5千人）も含めて人口は5万人にまで増加していた。しかし、第二次世界大戦後は米国の統治下において人口も激減し、現在は人口約2万人でその内の約4千人が海外からの出稼ぎ者である。図7.1.2のような美しい島々は世界複合遺産にも登録され、サンゴ礁など貴重な自然資産を活用した観光産業が盛んで、年間観光客数は2011年には11万人にまでも達している。観光客数増加に伴う自然環境破壊を危惧し、環境客数抑制手段として環境税を高くしたが、観光客数の抑制効果を発揮できていない。

　第二次世界大戦中のパラオでは、日本型の農業を積極的に取り入れた地元住民と日本人との共同した国づくりが進められた期間であった。第二次世界大戦後は、米国の信託委任統治領として国が経営されてきた。パラオ共和国は1994年10月1日に自由連合盟約（コンパクト）による自由連合盟約国として独立し、

7.1 赤土流出の現況

図 7.1.2　パラオ共和国の美しい島々

米国による信託統治が終了した。1994年から2009年までの15年間は米国から財政支援を受けており、2010年9月には改訂コンパクトに署名して2025年まで引き続き米国の財政支援を受けることとなった。しかし、独立国家として経済的自立での国家経営が求められており、人口増加策は緊急の課題である。2006年には首都をコロール（Koror）からバベルダオブ（Babeldaob）島のマルキョク（Melekeok）に遷都し、図7.1.3に示すように自然環境の中に開発された首都と周辺開発による外国企業誘致を図っており、開発と自然環境の保全の両立がこの国に課せられた大きな課題である。自国の資源での国家経営を目指し、開発による国家収入増加の計画も公表されており、観光客数の増加も相まって、サンゴなど貴重な自然資源への負荷が懸念されている。

　パラオ共和国での最大の島バベルダオブ島での国際空港周辺は住居者も多く、宅地造成が行われた際には降雨のたびに多量の赤土が流出し、河道を埋めたほどであった。また、幹線道路が未舗装な時期には四輪駆動車を押し上げるほど道路表面はぬかるんでおり、十分な排水設備の未整備も相まって、道路表面から

173

7章 パラオ共和国の赤土流出とサンゴ礁

図 7.1.3　マルキョクへの遷都に伴う開発

多量の赤土が流出していた。未舗装の時期での 85km にも及ぶ幹線道路面からの赤土流出量は多量であったが、2007 年の海外からの無償資金援助による主要幹線道路改修に伴って、道路表面からの赤土流出量は大幅に減少した。また、過去には国際空港建設に伴う残土処理造成地から多量の赤土流出が観測されたが、植生でのカバーによって減少している。しかし、この残土造成地でも大型ガリの発生と崩落が生じており、対策の困難さを示している。現在でもバベルダオブ島では図 7.1.4 のような焼畑が各地で行われ、さらに図 7.1.5 のような斜面崩壊、ガリの発生が生じており、果樹の栽培、造成、観光産業などが赤土流出を助長させる圧力要因となっている。

　このような長期間での赤土流出は河口部に沈殿して洲を形成し、マングローブ林の形成に寄与する一方で、大部分が湾内に堆積し、サンゴ礁に影響を与えている。しかし、湾内を水面から観察すると堆積は確認されるが、水温上昇による白化の影響が大きく、堆積によるサンゴへの影響は小さいと思われる。

　赤土流出時の河川での窒素、リンなどの栄養塩類の測定を行ったが、測定不能

7.1 赤土流出の現況

図 7.1.4　広範囲の焼畑（焼くが耕作されていない）

図 7.1.5　崩落しやすく脆い土壌

な程度の低濃度であった。しかし、赤土の中には栄養塩類は比較的少量であるが、赤土の含有元素であるNa、Ca、Mg、Kなどが溶出し、長い時間スケールでは湾内での生態系に影響を及ぼすと思われる。

過去のバベルダオブ島での大規模な造成工事を挙げると、① 1984年の国際空港の建設工事、② 2003年の新ターミナル建設工事、③ 2006年の首都がコロールからマルキョクへ遷都する際の工事、④ 2007年のバベルダオブ島の周回幹線道路の舗装工事、⑤ 2012年の国際空港関連施設の拡充工事などがある。このように海外からの観光客増加に備えての国際空港関連の工事、外国企業誘致・住宅確保のための土地開発が今後ますます増加することが予想される。

## (3) 土壌の化学的風化

パラオ共和国は年間降水量が4,000mmを超えることもある、熱帯雨林気候である。このようなパラオ共和国の土壌は、沖縄本島に分布する国頭マージ、島尻マージと同類の赤土で、熱帯・亜熱帯地方の土壌の特徴を持っている。バベルダオブ島は火山島で、火山岩、安山岩などで形成されており、バベルダオブ島の南部の一部からコロール島を含む南の島々は、この火山活動によってサンゴ礁が隆起してできた島で、石灰岩で構成されている。

熱帯雨林気候の高温多湿の地域では、水、炭酸ガス、酸素の働きで岩石の表層部分が化学的に変質し、粘土鉱物が作られる。火山島のバベルダオブ島ではこの「化学的風化」が活発で、地表から深い所まで風化が及ぶ厚層風化が生じている。

厚層風化のため降雨によって地層の深い所まで侵食が進行し、図7.1.6のような地中に空洞が形成されて大きな崩壊が生じやすくなっている。パラオ共和国での調査の際に、この崩落に何度か足を取られる経験をした。図7.1.7に地表近くでの土壌の様子を示したが、降雨による侵食が生じやすい特色を有している。

一度崩壊が生じると、大きなガリを形成し次々と崩壊が進行するので、ガリが発生するとこれを防止することは困難である。

化学的風化が進行すると、土壌中のケイ酸（$SiO_2$）、酸化アルミ（$Al_2O_3$）、酸化鉄（$Fe_2O_3$）の難溶解性酸化物が多くなる。高温多湿の気候では、難溶解性の酸化鉄、酸化アルミが溶出しやすくなり、土壌は赤い色の赤土となる。また、赤土は強酸性土壌で、酸化アルミの溶出が容易になり、この酸化アルミは植物根の生育

7.1 赤土流出の現況

図 7.1.6　厚層崩壊での空洞　　図 7.1.7　パラオ共和国での地表土壌の様子

を阻害する。このような熱帯雨林気候の高温多湿の地域では、落枝、落葉の分解が速く、森林土壌が形成されないので、地表から 0.5 〜 0.8m 程度の風化土壌しか植物の生育に適さない。また、赤土は貧栄養の酸性土であり、酸化アルミなどの作用もあり、植物の生育には適していない。さらに、集約農業を行っていないパラオ共和国では化学肥料をほとんど使用していないために、赤土流出に伴う窒素、リン成分の流出は少なく、懸濁物質の堆積が貴重なサンゴ礁への影響の主要因である。

### （4）サンゴ礁への赤土堆積

　1997 年頃のエルニーニョ現象の影響といわれる海水温上昇により、石垣島、パラオ共和国などのサンゴは白化のダメージを受けた。パラオ共和国のサンゴは順調に再生をしてきているが、再生（成長）過程でのサンゴ年齢の分布がアンバランスで、外力に対して脆弱な状況である。白化前には色々な成長年数のサンゴが分布していたが、白化によってダメージを受けた後の回復状況では、特定の成長年数のサンゴが多く存在するアンバランスな状況となってしまう。

　パラオ共和国での赤土流出は、懸濁物質が湾内に堆積する程度で、栄養塩類による藻類の繁茂などによるサンゴへの影響は今のところ確認されていない。しかし、長期間の懸濁物質の湾内への流出は、湾内からリーフへと順次影響が広がり、脆弱なサンゴ礁の再生過程へのリスク要因となる危険性を有しており、長期間の監視が必要な項目である。サンゴは植物と動物の両性で、懸濁物質による光合成の阻害が影響の主要因である。図 7.1.8 は河口に堆積した赤土砂州の様子で

177

7章　パラオ共和国の赤土流出とサンゴ礁

ある。形成された砂州にマングローブ林が形成され、湾内に流出した赤土の30％程度の堆積へ寄与している。堆積しなかった赤土は湾内で拡散し、図7.1.9のようにサンゴ礁に堆積している。白化でのダメージに追い打ちをかける影響を及ぼしていると思われる。

図7.1.8　河口部に堆積した赤土砂州とマングローブ林

図7.1.9　アイライ湾　湾奥でのサンゴ礁への赤土堆積

## 7.1 赤土流出の現況

### (5) 造成地でのガリの発生と赤土流出量の推定

図 7.1.10 にパラオ共和国の中心市街地があるコロール島と最も大きな島のバベルダオブ島の植生図を示した。バベルダオブ島は、コロール島と橋でつながっており、国際空港とその周辺が新たに住宅地、耕作地として開発が進行している。また、2006 年にマルキョクに遷都し、その周辺への企業の誘致を図っており、自然豊かなバベルダオブ島にも開発の圧力が徐々に強まっている。

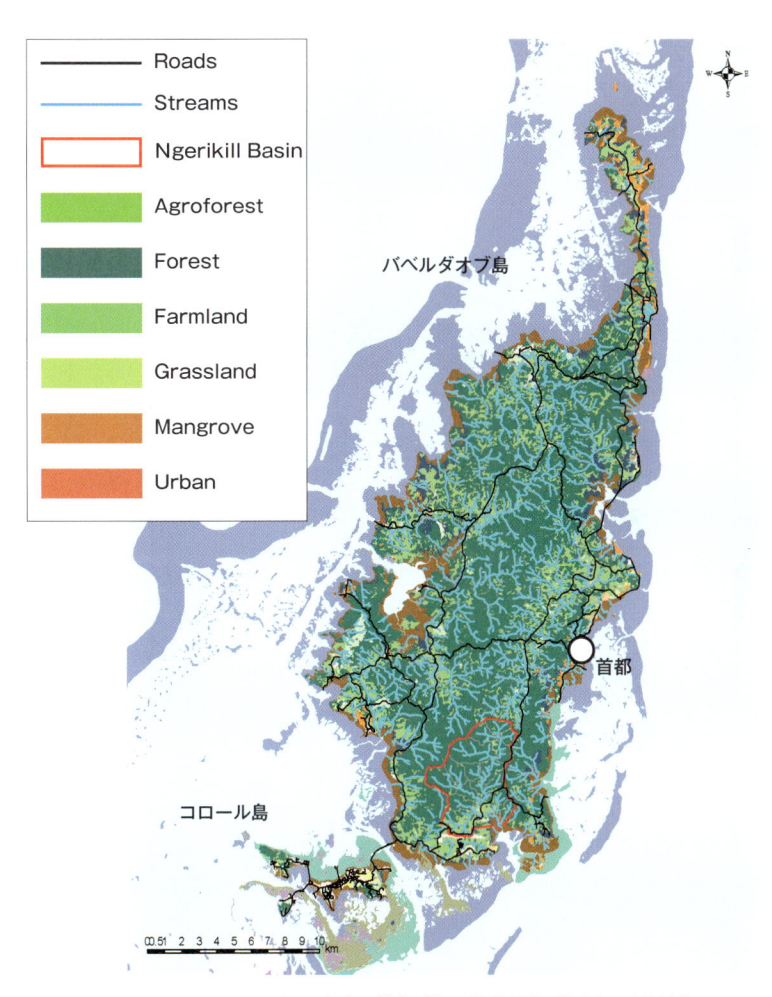

図 7.1.10　バベルダオブ島の植生図とガリキル川流域

# 7章　パラオ共和国の赤土流出とサンゴ礁

　バベルダオブ島は、図 7.1.10 の植生図からも分かるように、森林と草地がほとんどで、多くの河川が湾内に注ぎ、海岸線に沿ってマングローブ林が繁茂している。このバベルダオブ島は 9 つの流域から構成されている。図 7.1.10 の赤線で囲った流域が、国際空港に近いガリキル川流域で、流域面積は 23.17km$^2$、バベルダオブ島の面積 331km$^2$ の約 1 割を占めている。

　図 7.1.11 にガリキル川流域の土地利用形を、図 7.1.12 にガリキル川流域のイコレンゲス（Ikoranges）、クメクメール（Kmekumel）、エデング（Edeng）の 3 つのサブ流域を示した。ガリキル川流域は国際空港近くを省くと大部分が森林・草地である。人口集中市街地のコロール島からの交通の便が良いイコレンゲスサブ流域では種々の土地開発が行われてきており、現在でも約 3ha の宅地造成が行われ

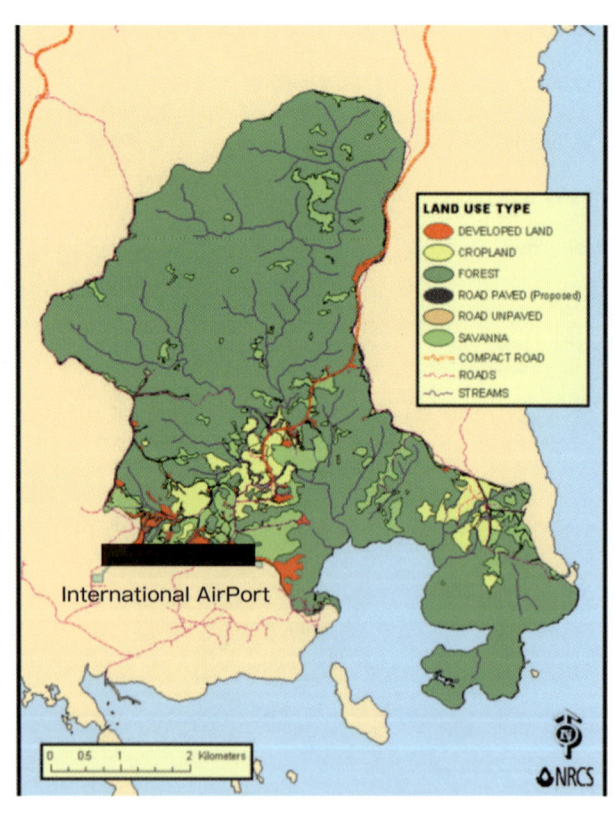

図 7.1.11　ガリキル川流域の土地利用形態

7.1 赤土流出の現況

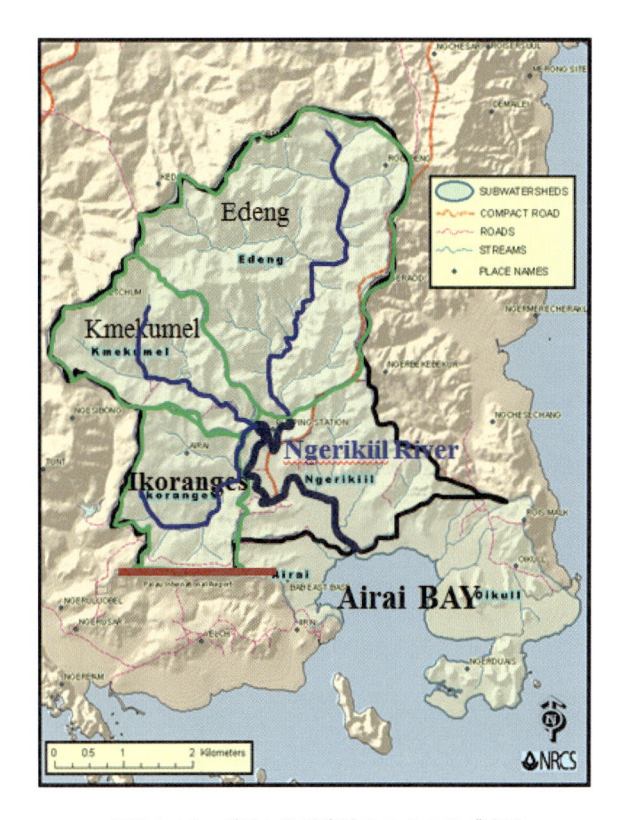

図7.1.12　ガリキル川流域の3つのサブ流域

ている。この造成地は、将来的には宅地あるいは企業誘致に使用される予定である。2013年時点では、経済的な理由と思われるが、斜面を造成した裸地状態である。

　図7.1.13は造成工事が活発に行われていた2011年当時の造成地の様子を示している。このようにブルドーザーで整地しただけの状態で、造成地の地表面は凸凹で大きなガリの発生による崩壊が生じていた。

　降雨時には図7.1.14のような大型ガリからの崩壊を伴いながら、地表面から多量の赤土が小水路を通して河道に流出していた。この造成地からの赤土流出量をできるだけ正確に推定することは、今後の開発時での赤土流出量を見積もるために大事な資料となる。この造成地からの赤土流出量を測定するためにガリキル

7章 パラオ共和国の赤土流出とサンゴ礁

図 7.1.13　2011 年当時の造成地の様子

図 7.1.14　大きなガリの発生と崩落

川への赤土流入地点の観測を行った。造成地からの赤土は小水路に向かって流入していたが、ジャングル様の森林に阻まれて小水路を辿って河川合流地点に達することが困難であった。また、造成地下流に設置した土留め柵内の赤土貯留量は満杯状態で、崩壊の危険性が河川合流地点に達することを拒んでいた。パラオでは趣味で狩猟をする人が多く、この人たちの協力を得ながら河川へのアクセスを行い、観測点を設置することができた。

　造成地下流で3小流域からの河川が合流しており、この合流地点は感潮域に入っている。造成地からの赤土流出観測地点は、感潮域から外れている。空港建設の際の赤土流出量を合流地点で観測した結果があるが、感潮域での観測のために上流、下流への輸送量の残差としての下流への輸送量が十分な精度を持った観測ではなかった。

## 7.2 観測と分析

(1) 観測の方法

　図 7.2.1 に観測地点の位置を示した。イコレンゲスサブ流域の、造成地がない上流側を上流域、造成地が存在する下流側を下流域とし、それぞれ観測地点を設置した（菅ら（2011））。上流域からの流出を測定する観測地点を上流地点、下流

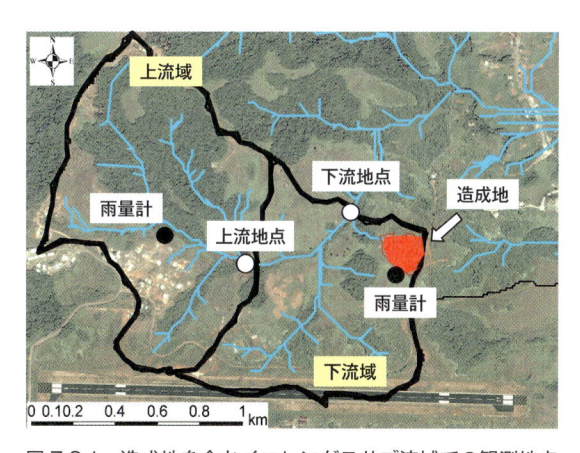

図 7.2.1　造成地を含むイコレンゲスサブ流域での観測地点

表 7.2.1　上流域、下流域の面積および土地利用形態

|  | 上流域 | 下流域 | 全体 |
|---|---|---|---|
| 流域面積 | 99ha | 71ha | 170ha |
| 森林 | 49ha（49%） | 16ha（23%） | 65ha（38%） |
| 草地 | 50ha（50%） | 52ha（72%） | 102ha（60%） |
| 造成地 |  | 3ha（4%） | 3ha（2%） |

表 7.2.2　計測機器の概要

| 項目 | 種類 | 品名 |
|---|---|---|
| 雨量 | 転倒升式雨量計 | RG3-M（Onset 社） |
| 水位 | 圧力式水位計 | U20-001-01-Ti（Onset 社） |
| 流速 | 二次元電磁流速計 | Compact EM（JFE アドバンテック社） |
| 濁度 | 光学式濁度計 | Compact CLW（JFE アドバンテック社） |

域からの流出を測定する観測地点を下流地点とした。造成地から流出した土砂は、小水路を経由してガリキル川に流入し、下流地点で観測される。表7.2.1に上流域および下流域の面積と土地利用を示した。表7.2.1から分かるように、上流域および下流域のほとんどは森林および草地で、ほぼ同様な土地利用形態である。また、上流域の草地と分類した一部（約5ha）が住宅地、耕作地である。

各観測地点の河川に各種計測機器を設置し、水位、流速、濁度を10分間隔で連続計測を行った。河道内の器機の設置場所は流心の位置で、高さ方向には1点である。2010年11月から2013年3月まで継続して観測を行った。データはデータロガーに蓄積されており、約3か月毎の現地観測の際に取得し、解析を行った。得られた計測値を用いて、断面平均流速、流量、SS濃度、土砂流出量を算定した。

濁度計での測定は、浮遊砂濃度のみの測定であるが、造成地からの流出土砂の粒度分布から掃流形式の輸送の存在が確認された。粒径加積曲線の各粒径毎の浮遊限界摩擦速度と観測地点での摩擦速度から浮遊砂の割合を求め、浮遊形式、掃流形式の全輸送量を算定した（石井ら（2013））。

表7.2.2に示した計測機器を上流地点、下流地点にそれぞれ設置し、無人状態で自動計測システムを構築した。地元の人々の理解と協力で、器機は破損するこ

となく長期間の観測を行うことができた。特に、雨量計は現地住民の協力で住宅地内に設置させていただくことができた。パラオ共和国では空き巣対策として番犬を放し飼いにしている家庭が多く、犬による計測器へのいたずらが懸念された。ガーデンウォチカムを設置し、観測地点の画像を10分間隔で取得したが、バッテリーパックを噛み壊された個所もあった。画像は明るい時間帯しか取得できないが、出水の様子を確認することができた。また、低水時に体長2m程度のワニが画像に写っており、注意をしながらの観測であった。

　図7.2.2、図7.2.3は上流地点、下流地点での観測の様子を示している。共に降雨で多少水位が増加した状況である。下流地点は比較的水深が深く、機器設置地点まで達するには胸まで水に浸かって行くしかなく、ハードな作業の観測であった。

図7.2.2　上流地点での観測の様子

7章 パラオ共和国の赤土流出とサンゴ礁

図 7.2.3　下流地点での観測の様子

## （2）赤土流出

　造成地では大きなガリが形成され、降雨時には崩壊と赤土流出を繰り返し、降雨のたびに造成地表面から多量の赤土が流出した。造成地からの赤土流出は、降雨の開始と共に生じ、降雨終了後にほぼ終了した。造成地から流出した赤土は、図 7.2.4 に示したような造成地下流の小水路に設置した簡単な土留め柵で一部分は貯留され、他は小水路内に流出する。図 7.2.5 に小水路を経由してガリキル川に流入する様子を示した。小水路に流入した赤土は降雨の終了と共に、小水路内に沈殿・貯留され、次の降雨の初期に流出する。このために、流出の初期に高濁度が観測される結果となる。降雨継続時間、総降雨量によって、ガリキル川まで流出する量と小水路内に貯留・滞留する量とに分かれるため、造成地からの赤土流出量の算定は降雨イベントでの累積赤土流出量として算定した。造成地からの赤土流出量は、2 観測地点での赤土輸送量の収支から算定できる。
　しかし、10 分間隔で取得したデータから 10 分毎の赤土流出量を算定すると負の値となる場合もある。小水路での貯留・滞留の現象を考慮するため、降雨流出

図 7.2.4　造成地下流の小水路に設置された土留め柵

図 7.2.5　小水路からの赤土流出の様子

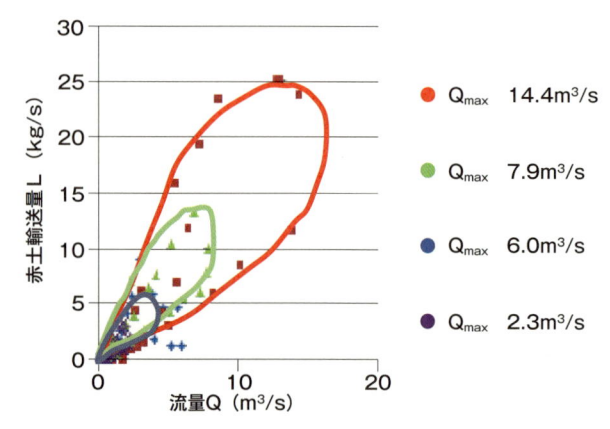

図 7.2.6　赤土輸送量と流量の関係（菅ら（2012））

イベントでの 2 観測地点それぞれの累積赤土輸送量の収支から造成地赤土流出量を算定した。

　図 7.2.4 に示す土留め柵は、造成地の下流の小水路に沿って何段にも設置されており、2011 年観測開始時点の造成が活発に行われていた頃は、すべての土留め柵が満杯の状態で崩壊の危険性を含んでいた。造成地からの赤土流出量に比べて土留め柵での貯留量が小さく、さらに土留め柵の構造は弱く、貯留効果を十分には発揮することなく多くの柵は崩壊した。土留め柵内に貯留していた赤土は、一気に小水路を流下してガリキル川に流入した。小水路に堆積・貯留した赤土は、その後の降雨によってガリキル川まで流出した。小降雨にも関わらず、降雨の初期に高濃度が観測されるのはこの影響が大きく反映している。

　このように、造成地から発生した赤土流出は、小水路を経由して流下するため降雨流出と赤土流出との関係は複雑になり、図 7.2.6 に示すように下流地点での流量と赤土輸送量の相関はループを描く結果となった。

## （3）造成地からの赤土流出量の推定

　造成地からの赤土流出過程は複雑であり、この流出過程を十分に考慮しながら造成地からの赤土流出量の推定を行った。

　図 7.2.7 に上下流それぞれの流域からの流出量の模式図を示した。上流地点での流量 $Q_{lt}$（m³/s）と濁度 $SS_{lt}$（mg/L）の積から算定した各時刻での赤土輸送量

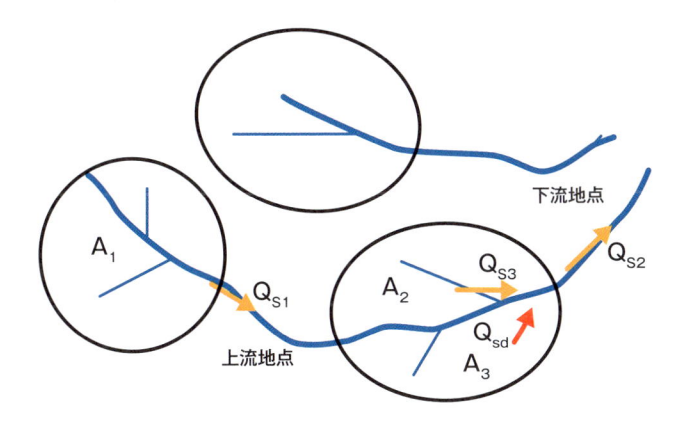

図 7.2.7　各流域からの流出量の模式図

$Q_{s1t}$（kg/s）を 1 年間にわたって積分した量 $Q_{s1}$（t/y）と、下流地点での流量 $Q_{2t}$（m³/s）と濁度 $SS_{2t}$（mg/L）の積から算定した赤土輸送量 $Q_{s2t}$（kg/s）を 1 年間にわたって積分した量 $Q_{s2}$（t/y）用い、式（7.2.1）によって造成地からの年間赤土流出量 $Q_{sd}$（t/y）を算出することができる。

　この際に、上流域と造成地を省いた下流域の森林・草地からの単位面積あたりの赤土流出量は同じと仮定した。表 7.2.1 に示したように、土地利用形態がほぼ同様であることよりこの仮定は妥当と考えられる。

$$Q_{sd} = Q_{s2} - Q_{s1} - Q_{s1} * (A_2 - A_3) / A_1$$
$$q_{sd}(t/y/ha) = Q_{sd} / A_3 / 100 \tag{7.2.1}$$

　ここに、$A_1$ は上流域の面積で 0.985km²、$A_2$ は下流域の面積で 0.717km²、$A_3$ は造成地面積で 0.0265km² である。

　2011 年の観測結果から式（7.2.1）を用いて算定すると、造成地 1ha あたりの年間赤土流出量 $q_{sd}$ は 669t/y/ha、造成地以外の自然地 1ha あたりからの年間赤土流出量 $q_{s3}$ は 3.2t/y/ha であった。造成地からの赤土流出量は自然地からの流出量の約 200 倍を超え、造成に伴って多量の赤土が流出することを示している。

　造成地からの流出赤土の粒度分布を測定すると、掃流形式での輸送となる粒径分を含んでいた。しかし、観測地点での濁度計では浮遊砂濃度が測定されており、式（7.2.1）の算定式は掃流形式で輸送される量を見逃している。造成地から

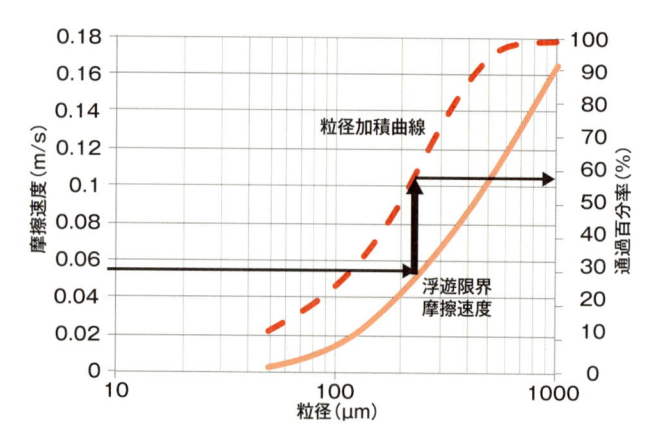

7章 パラオ共和国の赤土流出とサンゴ礁

図 7.2.8　浮遊限界摩擦速度と浮遊砂になる割合

の実際の赤土流出量に浮流砂として輸送される割合を掛けた値が観測地点で測定されている赤土輸送量である。この浮遊砂として輸送される割合を $\alpha(t)$ とし、以下の手順で算定を行った。

① 造成地からの高濃度濁水の粒度分布を測定し、粒径加積曲線を求める。図 7.2.8 の破線がこれを表す。この粒径加積曲線の各粒径の移動限界摩擦速度 $u_{*c}$ を岩垣の式から算定する。
② 粒径加積曲線の各粒径に対する沈降速度 $W_f$ を Rubey の式から算定する。
③ 乱れによる浮遊速度 $v_s$ を経験式 (7.2.2) から算定し、浮遊限界摩擦速度を粒径毎に求める。図 7.2.8 の実線がこれを表す。

$$v_s = 0.6u_* \sim 0.93u_*$$
$$\frac{1}{0.93} < \frac{u_*}{w_f} < \frac{1}{0.6} \quad 浮遊形式 \quad u_* > 1.67 w_f \quad (7.2.2)$$

④ 図 7.2.8 の矢印の順に浮遊砂割合 $\alpha(t)$ を算定する。
　　例えば、流れの摩擦速度 $u_*$ が 0.5m/s の場合には、浮遊限界摩擦速度と粒径の相関線との交点に相当する粒径の通過百分率から $\alpha(t) = 0.55$ が求まる。
⑤ 造成地からの各時刻赤土流出量 $Q_{sdt}$ に浮遊砂率を掛けた $\alpha(t) Q_{sdt}$ が、下

流地点での測定値 $Q_{s2t}$ の中に含まれる赤土輸送量である。

　造成地からの赤土流出は降雨時のみに発生し、その流出過程は複雑である。小水路での貯留・滞留に伴う赤土流出の遅れを考慮する為に、降雨に伴う 1 流出イベント毎に赤土流出量を算定し、年間流出量を推定した。この際に、降雨時での赤土流出量と無降雨時での溶存態濁質の基底輸送量とを分離して計算を行った。

　下流地点での濁度観測値変化の始まりから終わりまでを 1 流出イベントとし、その期間での総降雨量と赤土総流出量の相関を考えた。小水路内での滞留・貯留による赤土流出過程の遅れ、掃流形式の輸送も考慮して、1 流出イベント期間での浮遊砂輸送量の収支を式 (7.2.3) で記述した。

$$\int Q_{s1t}dt + \int \frac{A_2 - A_3}{A_1} Q_{s1t}dt + \int \alpha(t) Q_{sdt}dt = \int Q_{s2t}dt \\ \int \alpha(t) Q_{sdt}dt = \int Q_{s2t}dt - \int Q_{s1t}dt - \int \frac{A_2 - A_3}{A_1} Q_{s1t}dt \qquad (7.2.3)$$

　式 (7.2.3) から一流出イベントでの造成地からの赤土流出量

$$\sum Q_{sdt} = \int \alpha(t) Q_{sdt}dt$$

を算定することができる。

　2011 年、2012 年での 1 流出イベント毎の赤土総流出量と総降雨量との相関を示したのが図 7.2.9、図 7.2.10 である。イベント毎の総降雨量、赤土総流出量の相関性は高く、複雑な流出現象をまるめ込んで評価できていると思われる。濁度計の調子が悪く、欠測期間が発生した場合には、降雨記録のみからこの相関式を用いて赤土流出量の推定を行った。

　観測結果や式 (7.2.3) を用いて造成地からの赤土流出量を推定すると、2011 年は 1ha あたり 812t/y/ha、2012 年は 1ha あたり 229t/y/ha であった。造成が活発に行われていた 2011 年には多量の赤土流出に伴い、ほとんどの地表面細粒分が流出して地表面が粗粒化した。2012 年の降雨に伴う赤土流出量の減少は、この粗粒化が主要因と思われる。

　図 7.2.11 に地表面粗粒化の様子を見ることができる。また、年間降水量は 2011 年には 4,725mm であったが、2012 年には 3,636mm と 1,000mm 近く少なかっ

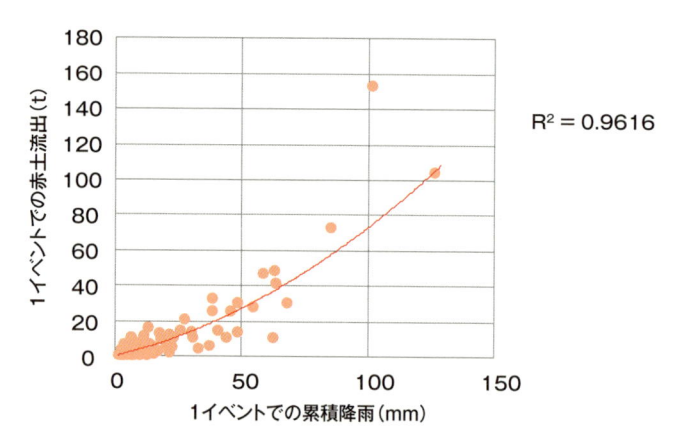

図 7.2.9　降雨イベント毎の赤土流出量（2011）

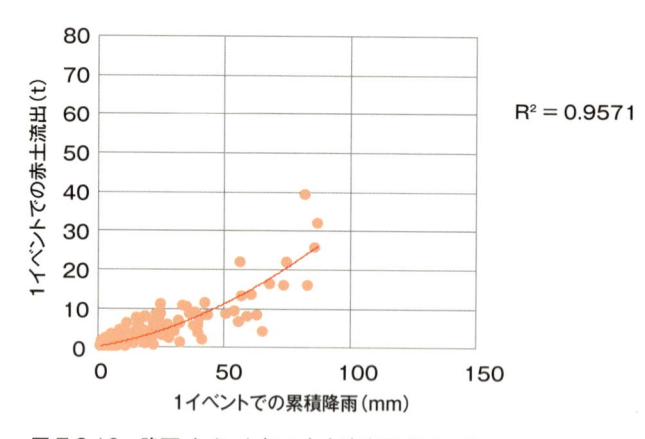

$R^2 = 0.9616$

図 7.2.10　降雨イベント毎の赤土流出量（2012）

$R^2 = 0.9571$

のも赤土流出量減少の要因である。さらに、造成地の緩勾配化対策、図 7.2.11 のような沈砂池の設置、植生ネットカバーなどの流出抑制対策効果もあり、2012 年の赤土流出量が減少したと思われる。

　自然地からの赤土流出はほとんどが溶存態濁質で、2011 年は 2.1t/y/ha、2012 年は 1.5t/y/ha であった。この差は年間総降雨量の差を反映したものである。このように、造成地からの赤土流出は造成初期には大量となるが、徐々に減少し数年で落ち着くと思われる。しかし、図 7.2.11 からも分かるように、大型ガリの発生は

7.2 観測と分析

止めることができず、厚層崩壊は徐々に進行して崩落発生が予想される。

図7.2.12は空港工事の際に生じた残土盛土で、数年が経過し草地でカバーされ比較的安定している場所である。しかし、2010年には観測されなかった大きな崩壊が2012年には複数個所生じていた。パラオの地表面土壌は侵食されやすく脆いため、この土壌で盛土した場所は十分な管理を行わないと、厚層崩壊を引き起こす危険性を内在していることを示唆している。

図7.2.11　沈砂池、植生ネットでの赤土流出抑制

図7.2.12　空港建設残土盛土の厚層崩壊

193

## 7.3 赤土流出予防策

　パラオ共和国の基幹産業である観光は、サンゴ礁に代表される自然環境に支えられている。この自然環境に影響を及ぼすと危惧される赤土流出は、パラオの多くの人々にとって大きな関心事項である。未舗装の道路表面・耕作地・造成地からの降雨時赤土流出、豪雨時の湾内に拡散する濁水、果樹栽培傾斜地・裸地の崩壊などを見てきた多くの住民は、身近な流出抑制対策を行っている。

　また、外国資本による開発への圧力に対しても、国として法的な対策がなされている。パラオ共和国では外国人による土地所有は禁止されており、外国資本の活動は海外投資法によっても制限を受けている。行政機関の外国投資委員会は、海外投資法に基づいて許可承認・不承認の決定、規定順守状況の監視を行っている。さらに、外国資本による事業ではパラオ国内の資本や技術面での欠如部分を補完することが要求され、雇用の増大、技術移転、国内資源の利用等が前提となっている。このような法的処置により、事業計画における土地所有者との交渉を複雑にしており、外国資本による土地占有や経済支配を防いでいるともいわれている。

　このように、身近な対策、法的な規制などにより環境保護の諸施策が展開されている。この施策は、観光産業によって引き起こされる環境への負荷を削減することと、自然環境保護活動のために利用される「環境税」へと繋がっている。

　10万人を超える海外からの観光客の一部は、環境に対する理解の欠如から、パラオの環境に深刻な影響を与えているとの指摘もされている。ロックアイランド、サンゴ礁の保全のため「ロックアイランド管理保護法」など環境保護のための措置がとられている。

### (1) 耕作地の周りのグリーンベルト

　島民はアグロフォレストとして自宅周りに自給自足のための野菜、果樹を耕作している。図7.3.1のような傾斜地を利用した小規模農地が多く、降雨のたびに赤土が流出している。全体的に農耕地の規模は小さく、地産地消のための農業になっておらず、食糧の多くを海外からの輸入に依存している。近年では海外からの援助で大規模農業の試みがなされているが、経済的に自立できる農業にするためには、まだまだ多くの課題がある。赤土流出抑制の方策として、農耕地で

7.3 赤土流出予防策

図 7.3.1 傾斜地を利用した小規模農地

図 7.3.2 耕作地周辺のグリーンベルト

は傾斜地勾配を小さくする段切りとトレンチの設置が指導されている。図 7.3.2 は水平に整備した耕作地で、周辺にグリーンベルトを設置して赤土の流出を抑制している。

## (2) 傾斜地の防護ネット・トレンチ・沈砂穴

　耕作地へのアクセス道路、傾斜地は降雨のたびに地表面が侵食され、多量の赤土が流出して下流に影響を及ぼしている。所有者・利用者のモラルとして、その負荷削減の努力がなされている。図 7.3.3 のような簡単な対策が各所で実施されているが、持続性よりも現実性を優先した対策に留まっている。傾斜地にビニールシートでの簡単な流出防護ネットが設置されているが、ほとんどが降雨流出で破壊されて、役に立っていない。また、防護柵の下流側にはトレンチが掘られており、小降雨、防護柵の崩壊によって流出した赤土はこのトレンチに貯留されている。この防護柵とトレンチの組み合わせにより、赤土が一度に流出するのを抑えると共に、粗粒分の流出を抑制している。

　また、トレンチとセットで縦横が 1.5m、深さが 1m 程度の沈砂穴も設置されている。トレンチと沈砂穴の相乗効果により、赤土粗粒分の流出抑制効果を発揮している。

図 7.3.3　傾斜地に設置された防護ネット、トレンチ、沈砂穴

傾斜地の未舗装の道路では表面の土壌が侵食・流出し、図7.3.4のように粘土状の土壌が露出している場所も多くある。このような場所からは降雨に伴って溶存態濁質が多量に流出している。

図7.3.4 傾斜地の地表面赤土流出の結果の粘土状土壌の露出

## 7.4 赤土流出量から見た許容開発規模

### （1）赤土流出抑制策を取らない開発行為の場合

赤土流出が環境に及ぼす影響は、パラオ共和国の自然が有している環境容量に支配される。人為的影響が加わっても復元力の方が大きく、自然環境破壊にはつながらない限界許容量を算定することは困難である。

例えば、観光客数受け入れ限界をホテルでの受け入れ限界から算定すると1日2千人、年間94万人で、現状の約11万人は受け入れ許容人数を大幅に下回る結果となる。しかし、観光客数11万人はサンゴなど自然環境への影響からは受け入れ限界に近いと指摘されている。また、パラオの美しいサンゴ礁に魅せられ、移住して長くサンゴ礁に潜っている日本人は「パラオのサンゴはひどくなってきている」といっている。この要因は、観光客数の増加と、サンゴの踏みつけ、赤土流出だと指摘している。

しかし、科学的な視点から許容赤土流出量を算定することは困難である。開発行為がなされていなかった過去の長期間の赤土流出量ではパラオの自然環境に影響を及ぼしてこなかったと見なすことができる。国際空港建設の際の多量の

7章 パラオ共和国の赤土流出とサンゴ礁

赤土流出は、一過性の赤土流出であったが、未舗装幹線道路面からの赤土流出量、自然地・溶存態濁質としての赤土流出は長期間継続していたにも関わらず、サンゴ礁に影響を及ぼしてこなかったと思われる。したがって、この時期の赤土流出量を許容赤土流出量と見なすことができる。

ガリキル川流域を対象にし、降雨のたびに多量の赤土流出が生じていた未舗装幹線道路からの流出量を、造成地からの流出量を参考に算定すると、流域平均赤土流出量を推定できる。

$$流域平均赤土流出量 = \{5684t + 1.8t/ha \times 2310ha(自然地面積)\}/2317ha(流域面積) \quad (7.4.1)$$
$$= 4.2 t/ha$$

幹線道路長さ 7km、道路幅 10m の道路面からの赤土流出量 $7ha \times 812t/ha = 5,684t$ に自然地からの赤土流出量を加えて流域平均赤土流出量を推定する。

石垣島赤土流出防止マスタープランでは、中間目標値として 5.3t/ha、最終目標値を 3.1t/ha と定めており、これらの値を参考にしてパラオ共和国での許容赤土流出量を年間 4.2t/ha とする。この許容量は自然山地からの赤土流出量 1.8t/ha の 2.3 倍でしかなく、開発には厳しい制約が必要であることを示している。

ガリキル川流域の現状の土地利用形態は、造成地が 2.75ha、自然山地が 2,295.25ha、アスファルト舗装が 18.5ha であり、アスファルト舗装からの赤土流出量はないとすると、流域全体からの赤土流出量は 6,364t、単位面積あたりでは 2.75t/ha である。現状の造成規模では、許容量を下回っている。この現状での土地利用に対してさらにどれだけの開発が許容できるかを推定した。

流域全体で許容される赤土流出量は

$$2,317ha \times 4.2t/ha = 9,731.4t$$

である。

自然山地からの赤土流出量 4,132t/y を引くと 5,599.4t が開発に伴う許容流出量となる。現状の造成形態で 1ha あたりの年間赤土流出量を 812t とすると、6.9ha が許容される開発面積である。すでに 2.7ha が既造成地であるので、さらに 4.2ha の開発が許容される。開発許容面積 6.9ha は流域面積の 0.3% でしかない。自然山地は化学的風化の進行で緑化は困難で、自然山地からの赤土流出量を減じるこ

とは厳しい環境にある。したがって、造成に際しての赤土流出抑制対策が不可欠である。

(2) 赤土流出抑制策を取る開発行為の場合

　造成地からの赤土流出量を減じるためには、農地の圃場整備と同様に地形勾配を緩やかにすることが考えられる。また、全体を一つの斜面にしないで、団切りにし、あわせてトレンチ設置も有効な抑制対策である。これらの造成手法による赤土流出量抑制効果を定量的に評価するために、2章2.3節で紹介したWEPPモデルを用いた工藤ら (2013、2014) の計算結果を参照にした。

　造成地の形状、高低差の測定結果を参考に単一斜面での計算で実測値との対比で計算手法の妥当性を確認し、地形形状を変えたモデル計算を行った。図7.4.1から図7.4.5に示したCase1～5の縦断形状に対して計算を行った。結果を表7.4.1に示した。

　造成斜面のテラス地形採用および緑化によって赤土流出量を抑制できることを示している。2012年の造成が活発な時期はCase2とCase4との中間の縦断形状であった。2012年での実測値は812t/haに対してCase4では780t/haと概ね良好な一致を示しており、WEPPモデルでの計算結果を参考に赤土流出抑制対策を検討することができる。

　テラス形状の法面を緑化シートで覆っただけでは、ガリの形成で法面が崩落することを、今回の調査で観測した。そこで、開発時にはテラス形状で造成すると共に、法面を緑化シートで被いながら法尻にU字溝などのトレンチを設置することで、赤土流出抑制効果が発揮されると考えられる。このような対策によって、造成地からの赤土流出量がCase5の53t/haまで抑制できると仮定する。この場合には許容開発面積は105.6haとなり、現状の2.7haの39倍の面積で、流域面積の4.6%に相当する。

　また、首都マルキョクがあるゲルドルク (Ngerdorch) 川流域で、同様の計算を行うと、流出抑制対策を行った場合での許容開発面積は220.7haで、流域面積4,688haの4.7%に相当する。パラオ共和国では土地開発への厳しい条件があり、また経済状況を考えるとこのような大規模開発が行われるとは考えられず、赤土流出対策を行いながらでの小規模開発では、許容開発規模を超えることはないと考えられる。

7章 パラオ共和国の赤土流出とサンゴ礁

図 7.4.1　Case1 造成地斜面が緑地の場合

図 7.4.2　Case2 造成地斜面が裸地の場合

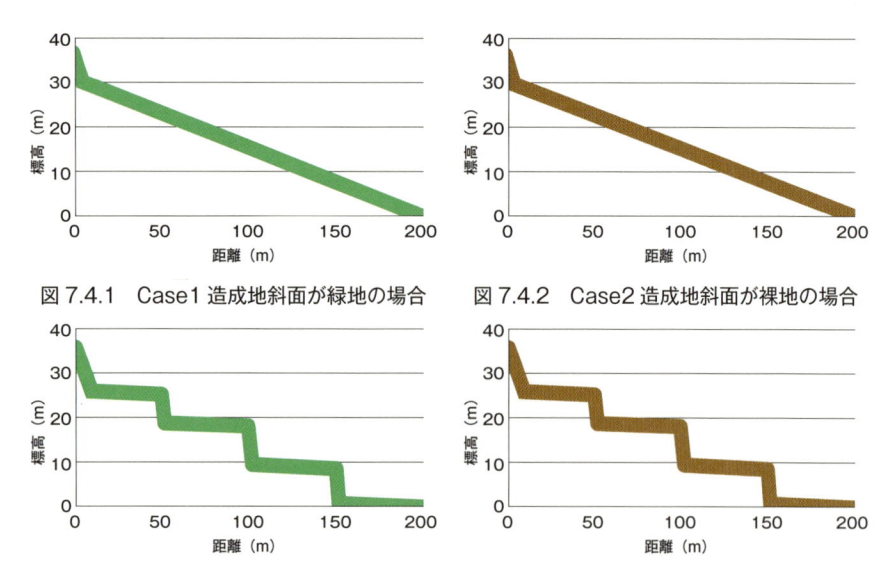

図 7.4.3　Case3 緑地斜面をテラス状にした場合

図 7.4.4　Case4 裸地斜面をテラス状にした場合

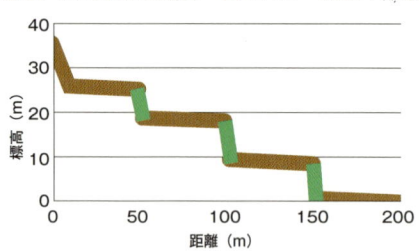

図 7.4.5　Case5 テラスの一部を緑化した場合

表 7.4.1　GeoWEPP での計算結果

| | |
|---|---|
| Case1<br>造成地斜面が緑地の場合 | 2t/ha/y |
| Case2<br>造成地斜面が裸地の場合 | 1386t/ha/y |
| Case3<br>緑地斜面をテラス状にした場合 | 21t/ha/y |
| Case4<br>裸地斜面をテラス状にした場合 | 780t/ha/y |
| Case5<br>テラスの一部を緑化した場合 | 53t/ha/y |

参考文献

Bryant, D., Burke, L., McManus, J., Spalding, M.: Reef at risk: A map-based indicator of threats to the world's coral reefs, World Resource Institute Report, World Resource Institute,1998.

Burke, L., Selig, L., Spalding, M.: Reef at risk in southeast Asia, World Resource Institute Report, World Resource Institute, 2002.

Golbuu, Y., Victor, S., Wolanski, E., Richmond, R.H.: Trapping of fine sediment in a semi-enclosed bay, Palau, Micronesia. Estuarine, *Coastal and Shelf Science*, 57, pp.941-949, 2003.

Golbuu, Y., Wolanski, E., Harrison, P., Richmond, R.H., Victor, S., Fabricius, K.E.: Effect of land-use change on characteristics and dynamics of watershed discharge in Babeldaob, Palau, Micronesia. *Journal of Marine Biology*, article ID 981273, p.17, 2011.

Golbuu, Y., Woesik, R., Richmond, R. H., Harrison, P., Fablicius, K.E.: River discharge reduces reef coral diversity in Palau, *Marine Pollution Bulletin*, 62, pp.824-831, 2011.

Maalim, F. K., Melesse, A. M., Belmont, P., Gran, K. B.: Modeling the impact of land use changes on runoff and sediment yield in the Le Sueur watershed, Minnesota using GeoWEPP, *Catena*, 107, pp.35-45, 2013.

Victor, S., Golbuu, Y., Wolanski, E., Richmond, R.H.: Fine sediment trapping in two mangrove-fringed estuaries exposed to contracting land-use intensity, Palau, Micronesia. *Wetlands Ecology and Management*, 12, pp.277-283, 2004.

石井千晶、菅 和利、佐藤航太郎、大澤和敏：パラオ共和国の造成地からの赤土流出量測定への粒度分布の影響、第68回土木学会年次学術講演会概要集、2013.

大澤和敏、畠堀誉子、菅 和利、池田駿介：農耕地管理者の面源対策に対する意思決定を考慮した流域土砂管理技術、土木学会河川技術論文集、13巻、pp.47-52、2007.

菅 和利、大澤和敏、佐藤航太郎、工藤将志：パラオ共和国での濁質輸送量測定の自動観測体制について、第66回土木学会年次学術講演会概要集、2011.

菅 和利、大澤和敏、佐藤航太郎：パラオ共和国での造成地からの流出特性を考慮した赤土流出量の推定法の研究、第67回土木学会年次学術講演会概要集、2012.

工藤将志、大澤和敏、菅 和利、佐藤航太郎、池田駿介：パラオ共和国ガリキル川流域での土地開発に伴う土砂流出の現地観測および解析、土木学会水工学論文集、69、4、pp.937-942、2013.

工藤将志、大澤和敏、松井宏之、菅 和利、佐藤航太郎、池田駿介：パラオ共和国での造成地を含む小流域における土砂流出の現地観測およびGeoWEPPの適用、土木学会水工学論文集、第58巻、2014.

## コラム7

### 心を和ませる路端の花々

　パラオでの赤土流出の観測では、泥水に濡れた状態で現場からホテルに帰る。迎えの車が来る場所までの道すがら出会った蘭の花、プルメリアの花などに心を和まされた。青とかげをイグアナと間違えて大騒ぎもし、南の島での野外調査は色々な驚きと感動を与えてくれた。

　自生した多くの花を立ち止まって写真に収めたが、現地で見た花々の可憐さが今も心に残る。（菅　和利）

現地で見た花々

# 8章 環境保全への社会的取り組み

## 8.1 環境保全型社会実現への課題

### （1）石垣島での環境保全型農業

　私たち人類は、太古の農耕を始めた頃から、自然の脅威を受けつつも、その恩恵や豊かな収穫にあずかりながら多くの経験を蓄積してきた。これらの活動により、それぞれの時代・地域の気候風土にあった価値観やライフスタイルを築き上げてきた。

　沖縄では亜熱帯気候のもと、営農形態もゆったりとした牛が歩くスピードと木製の軽い鍬ですき込める深さで耕作を行ってきた。

　毎年の台風来襲に耐えている沖縄の方言の一つに「なんくるないさあー」（何とかなるさ）があるが、この方言は沖縄の風土をよく表している。この沖縄の風土を大事にしながら、石垣島で環境保全型営農の支援制度の社会実験を行った。この一例として、沖縄県でのサンゴ礁保全と環境保全型農業との連携が挙げられる。ここでは、宮本ら（2005, 2012, 2013）が行ったサンゴ礁保全を支える環境保全型農業支援制度設立の社会実験と流域経営のあり方について述べる。

　石垣島ではサトウキビが基幹作物であり、島内の農地面積の多くをサトウキビ栽培が占めている。サトウキビには3種類の栽培方式がある。収穫後畑を耕起して新たに苗を植え替える夏植え、春植え栽培の2種類と、収穫後地下に残された茎からの萌芽を育てる不耕起栽培の株出し栽培である。現在、栽培面積の大半を占めるのが、夏植え栽培（植え付け前に繰り返し耕耘を行う）である。

　この夏植え栽培では、台風シーズンに地表面が裸地状態であり、豪雨のたびに耕土が一気に流出し、それらが海底に堆積して貴重なサンゴ礁に影響を及ぼす。さらに、耕土に含まれる化学肥料が土砂とともに輸送され、大量の栄養塩類が海岸に流出している。

　不耕起の株出し栽培では、地表面は図8.1.1の左側のように収穫後のサトウキビの葉柄などでカバーされており、年間の土砂流出量が10分の1程度に減少されることが、大澤ら（2008）の圃場実験により示されている。

　このような不耕起株出し栽培、畑地のマルチングなどは、地表をかく乱しない優れた赤土流出の発生源対策であり、環境保全型営農と呼ばれている。しかし、この環境保全型営農は、費用や手間がかかると共に、単なる不耕起栽培では収穫量が減少するなど農家にとっての負担が大きいことが課題である。

図 8.1.1　株出し栽培（左）と新植え栽培（右）（干川明氏提供）

## （2）環境保全型営農を支援する基金制度

　沖縄県では「赤土等流出防止基本計画」を策定し、農地からの流出防止対策として、排水施設、沈砂施設、農地の勾配修正等の土木的対策が実施されてきた。そこでは、個別の海域に環境保全目標を設定するとともに、陸域に流出削減目標を設定し、対策を総合的・計画的に推進している（沖縄県（2012））。他方、農家自身が取り組む対策として、グリーンベルト、マルチングなどの営農対策が実施されてきた。

　さらに環境保全型営農対策を拡大し、持続的にしていくためには、技術的な支援とともに農家への経済的な支援が不可欠である。全国からの寄付による基金での支援、環境作物認証制度による作物の付加価値化とそれに伴う増収などは、環境保全型農業に転換するインセンティブを高める有効な手段である。この制度設計を行うのが、社会科学的な取り組みである。このように課題解決のために、自然科学・技術と社会科学のコラボレーションがますます大事になってきている。

従来の農業補助金は農産物生産増大を主要な目標としたが、これからは農業と環境の両立を図る環境農業政策による公的支援制度の構築が望まれる。そのような中で、農家の主体的な環境配慮を評価するシステムとしての環境直接支払いがヨーロッパではすでに広く行なわれ、効果を上げている（横川 (2011)）。

わが国においても滋賀県などで、琵琶湖水質保全のために化学肥料や農薬を半減する農家に直接支払いが先行的に行われている。農林水産省は、2011 年度に環境保全型農業直接支払い制度を全国導入したが、この対象は水田農業が中心であり、沖縄のような赤土流出抑制農法を導入した畑作は対象になっていない。農業補助金制度の変更・拡充が必要であるが、その制度が確立されるまでには時間がかかり、この間をつなぐのが公的でない基金設立とそれによる農家支援策である。

## 8.2 石垣島での環境保全型農業者支援システム

環境保全型農業者支援には、赤土流出の発生源対策である不耕起株出し栽培や地表面のマルチングなどに対する基金からの支払いなどの直接的な支援と、収穫した農作物に付加的な価値を付ける間接的な支援がある。

環境保全型農業者のインセンティブを高めるため、環境保全型農場からの農産物に認証を与え、農作物に付加価値を付けることの可能性についての社会実験を行った。認証による付加価値で、新たな流通、販売のマーケットの開拓、増収を図るのが目的である。旧石垣空港前で、道の駅をなぞった空の駅を開設し、石垣島の農産物（島野菜の島ラッキョウ、オオタニワタリや加工品など）に対し、環境付加価値認証マークの有無による購買動向の調査を行った。その様子を図 8.2.1 に示す。

これらの認証農産物は、赤土や栄養塩の流出の抑制に努めた農地から提供される農産物で、社会実験は延べ 15 日間行った。このような認証制度などで収益が上がれば、その一部を基金として確保し、グリーンベルト、マルチング、カバークロップなどの営農対策等に還元するシステム構築を目指した。この社会実証実験によって、環境推奨マークを付けることにより価格が高くても購買を促進する効果があることが明らかになった。すなわち、石垣島での環境保全型農業者支

8.2 石垣島での環境保全型農業者支援システム

図 8.2.1　環境付加価値認証マークの有無による購買動向調査の社会実験

援手法として、環境付加価値認証の有効性を示すことができた。
　購入者の中には、「サンゴ礁保全に少しでも協力したい」、「環境保護にもつながる」、「基金にお金が入る確たる証の仕組み」などの声があった。多くの人は、農地よりもサンゴ礁を強く意識していた。
　一方で、環境保全型農業を無農薬、有機栽培と認識する方も多くいた。この支援制度を確立させるには、図 8.2.2 で示すような、地域、観光客などのネットワーク構築が不可欠である。

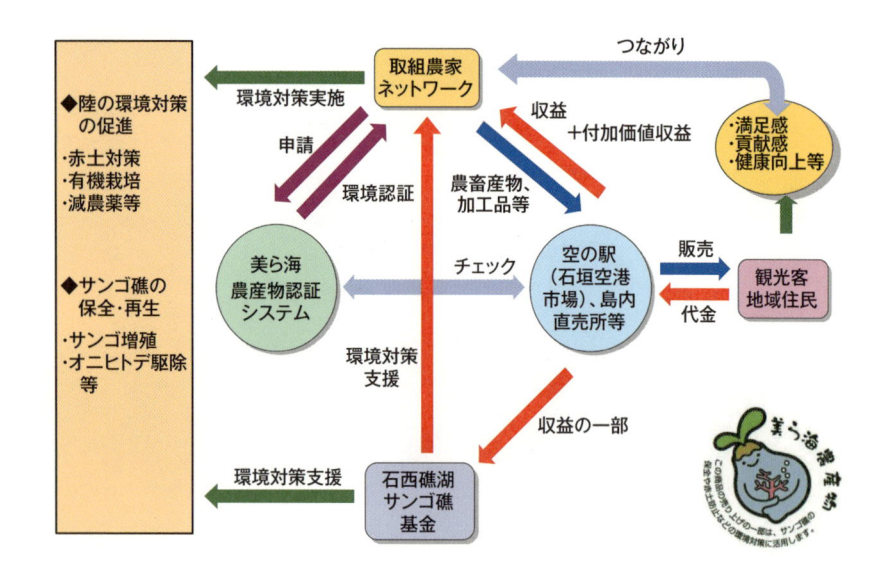

8章 環境保全への社会的取り組み

図 8.2.2　環境保全型農業支援制度

## 8.3　石西礁湖サンゴ礁基金

　環境保全型農業支援制度として、環境推奨マークによって商品の付加価値を高める取り組みを行う一方で、基金への参加を促す方策についても検討した。基金への寄付を呼びかける名目として、誰もが想像しやすいサンゴ礁の保全を取り上げた。6章6.3節で説明したように、石垣島と西表島の間に広がる石西礁湖は、世界的にもサンゴの種類が豊富な海域で、日本列島に向かう黒潮に乗ってサンゴなどの生物資源が日本各地に輸送されている。すなわち、石西礁湖で産卵されたサンゴの卵は、この黒潮に乗って運ばれ、各地に着床してサンゴ増殖・更新に重要な役割を果たしている。

　このように、大量のサンゴ産卵が繰り返されている石西礁湖を保全することは、日本列島のサンゴ礁保全につながることになる。この思いの集まりが、石西礁湖サンゴ礁基金設立の原動力である。この基金の目的は、農地での環境保全型農業対策と海岸での影響要因除去対策を支援することである。

## 8.3 石西礁湖サンゴ礁基金

　基金は、広く、浅くの寄付を全国から集めることにより発信力を増す。そのためには、基金の目的、成果などの分かりやすい情報発信と共に、ステークホルダー、協力者が共通の認識を有することが不可欠である。

　情報発信と目的の共有化を図るために、石西礁湖自然再生協議会を設置し、その活動の成果として、2012年にはNPO法人（特定非営利活動法人）石西礁湖サンゴ礁基金の設立にこぎつけている。図8.3.1に基金のメカニズムを示す。

　広く、浅く全国から寄付を集めるためには、WEBの活用も有効である。企業はCSRの一環として寄付を考えており、個人は目的に合った社会貢献への参画として寄付を考えている。これら企業、個人の寄付に対して税制の優遇措置を得る手段として、公益財団法人のマッチングサイトの活用がある。このマッチングサイトを活用することで、石西礁湖サンゴ礁基金への「サンゴ礁保全のための赤土流出抑制型農業への支援事業」と「サンゴ礁保全のためのオニヒトデ対策事業」を目的として、不特定多数の人々からの継続的な寄附が得られている。さらに地元の八重山高等学校の生徒たちの、サンゴ礁保全の活動を学習発表した学園祭バザー収益金の寄附など、すそ野が広がっている。

図8.3.1　石西礁湖サンゴ礁基金のメカニズムイメージ図

8章 環境保全への社会的取り組み

図8.3.2 サトウキビ刈り体験

　基金の目的に沿って、赤土流出抑制対策をする農業への助成、サンゴ礁海域に侵入しているオニヒトデ駆除活動への助成を行っている。石垣島では、この基金制度の活動の一環として、シンポジウム、サトウキビ刈り取り体験なども行われている。

## 8.4　石西礁湖サンゴ礁基金による環境保全型農業の実践事例

　環境保全型農業を振興するために、農業者を表彰する制度も設けられている。深く耕転することで地力を高め、赤土流出を抑制すると共に収量を増加させるなど、様々な努力がなされている。その一例として、サトウキビの畝間にカボチャなどの間作作物を栽培して地表面をカバーするとともに、間作作物の収穫・販売を図る取り組みも行われている。

　元 JIRCAS（Japan International Research Center for Agricultural Sciences、独立行

図 8.4.1　株出し栽培圃場へ地元産堆肥を配布（干川明氏提供）

政法人国際農林水産業研究センター）の干川明氏は、石西礁湖サンゴ礁基金の助成を受け、不耕起栽培（株出し）による裸地化期間を削減する環境保全型農業実践のパイロットモデル事業を展開している。赤土流出抑制型の環境保全手法を農家が実施しやすくするための環境整備を農業者と共に実施している。農家がサトウキビ株出し栽培に移行しやすくするための株管理機の利用料の支援、株出し栽培圃場への地元産堆肥配布助成（図 8.4.1）などを行いつつ、自らは環境保全型農業を実践して多くの農家が株出し栽培へ移行するインセンティブ高揚に努めている。

　農家、JA、沖縄県・石垣市などの行政、製糖会社などの関係者がそれぞれの立場から関心を持ち、情報の共有と環境保全型農業推進をネットワーク構築することが大切である。

## 8.5 パラオ共和国の環境保全型観光産業の課題

### （1）パラオ共和国の観光の現状

　パラオ共和国の「ロックアイランドとサザンラグーン」は、2012年6月にUNESCOによって世界複合遺産に認定された。サンゴ礁に囲まれた445の島々・海域には、385種類以上のサンゴや様々な植物、鳥類やジュゴン、13種以上の鮫など多様な生物が生息している（Otobed and Maiava (1994)）。

　コロール州とペリリュー州の間にあるロックアイランドはパラオ観光の一大景勝地である。これらの景勝地や豊かな動植物がパラオ観光の魅力となっている。

　島々の中には、海から分離された海水湖に淡水クラゲが生息するジェリーフィッシュレイクなどの貴重な生態系や、石造りの村の遺構、古代の墓・彫刻など3千年以上もの人類の歴史が残されている。このような自然と文化の両面からの価値が認められて世界複合遺産に登録されたことから、今後、観光産業による経

図 8.5.1　美しい海とロックアイランド

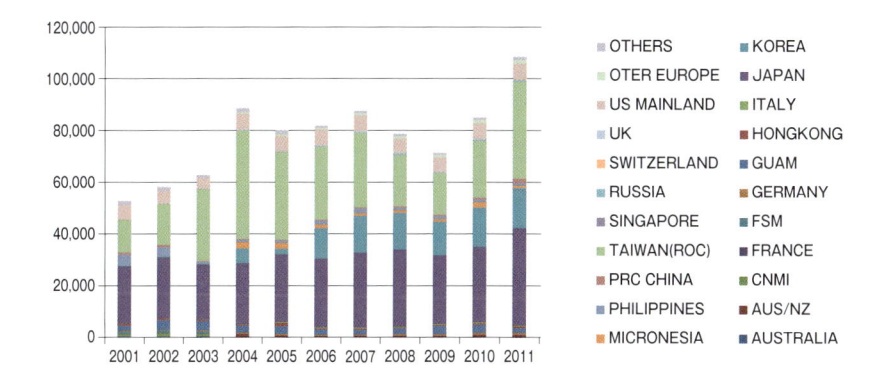

図 8.5.2　外国人観光客数推移（2001 〜 2011 年）
（出典：Visitors for each market group by residency、パラオ大使館提供資料）

済の活性化がますます期待され、観光開発と自然環境保護の調和がさらに重要になっている。

　パラオ共和国の産業別 GDP は第 3 次産業の比率が 97％（しかもその内 67％は無償援助の開発支援を受けた建設業）で、主産業は観光産業であるといえる。

　2010 年時点の観光客収容量は、Palau Visitors Authority（PVA）の資料より、客室数 1,162 室、概算ベッド数は 2,250 床と算出できる。このベッド数で、1 日あたり約 2,000 人、1 年間で 73 万泊分の宿泊が可能である。2011 年の年間観光客数 11 万人が平均 5 泊すると仮定すると、55 万泊に相当し、パラオ空港への発着が深夜であることを加味しても、観光客収容量は十分である。

　また、観光客の国籍別では日本、台湾（1999 年に国交締結）、韓国の観光客が上位を占め、2001 〜 2011 年の 11 年間の累計で日本、台湾がそれぞれ 34％、33％、韓国を加えると 78％を占める（図 8.5.2）。

## （2）パラオ共和国における環境保護政策

　パラオ共和国の経済政策において重視されているのは、パラオ人の開発過程への参加とともにパラオの自然を守ることであり、歴代の大統領によって環境保護のための運動が展開されてきた。また、パラオ人は観光地を開発の流れに任せるのではなく、環境を保護するための様々な対策を実施している。

　パラオ共和国では外国の単独資本によって自国経済が支配されることを防ぐ

8 章 環境保全への社会的取り組み

ため、土地利用制度やビジネスライセンス制度が制定され、パラオ人への資産蓄積を保証する体制がとられている。制度下ではパラオ市民を従業員全体の 20％以上雇用することが義務付けられているが、パラオ市民が従業員募集に応募する人数は限りなく少ないのが現状である。結果として、観光・サービス産業で接客などの職務に従事するのはフィリピンや台湾、日本などの他国籍の住民が占めている。

また、ホテルやレストランで使用する食材、観光客が消費する商品の大部分が輸入品であり、観光関連産業の活性化に伴い資金が国外に流出するというジレンマが存在している。

政府によって行われてきた様々な施策の抜粋を表 8.5.1 に示したが、パラオ共和国が自然環境保護に着手したのは 1950 年代からである。これらの対策の当初の目的は、観光ダイバーによる自然破壊を食い止め、パラオ市民の自給的漁業を保護することであった。自然保護海域への観光客の立ち入りを有料化することで入域者を抑制し、自然保護に必要な費用を受益者である観光客から徴収することを目的とした施策である。2009 年には観光客から出国時に一律徴収するグリーンフィー（環境税）も導入された。しかし、これらの施策は結果的に一部の

表 8.5.1　パラオ共和国における環境整備政策（抜粋）

| 年次 | 環境保護法等の整備 |
| --- | --- |
| 1956 年 | エルケウィド諸島への立ち入り禁止 |
| 1976 年 | エルメカオル水道での漁業禁止 |
| 1994 年 | ヤンゲル州、アルコロン州で 8 つのリーフでの漁獲禁止措置<br>　　　　→魚種の産卵場所の保護<br>ガラール州にマングローブ保護地区を設定<br>　　　　→伝統的・自給自足的・教育的な目的での利用のみ許可 |
| 1995 年 | エメリス諸島内での漁業禁止 |
| 1996 年 | カヤンゲル州のアルアンゲル環礁を対象として商業的漁業禁止措置<br>「コロール・ロックアイランド利用法」がコロール州議会を通過 |
| 1997 年 | 同法をユタカ・ギボンズ南部大首長が承認、2017 年までの期限で発効<br>　　　　→入島料金の徴収により自然環境破壊を抑制することが目的 |
| 1997 年 | ニワル州で 5 年間サンゴ礁への立ち入りを禁止 |
| 1998 年 | 「コロール・ロックアイランド利用法」を「管理保護法」に名称変更<br>　　　　→パラオ人の同伴なしにパラオ在住外国人も保護活動地区に上陸が可能になった<br>アイメリーク州のガルドック湖周辺の森林・水源地・沼地を保護地域に指定<br>ガラール州のガルマウの滝と山等を保護地区に指定<br>　　　　→エコ・ツーリズムだけに開放 |

図 8.5.3　ドラム缶でのゴミの分別

　自然保護区域を観光入域料金の徴収場所へと変化させ、一方で漁獲禁止措置などが立法化されることで、伝統的漁業や沼地での伝統農法を衰退させる結果となった。

　さらにパラオ共和国では、1990年代からゴミ問題も深刻化した。背景には急激な観光業の発展と米国からの独立に際して投入された「コンパクト・マネー」によって住民の所得が増加し、生活が向上したことなどが挙げられる。パラオ市民の生活向上に伴い、食糧の大部分を海外から輸入し、大量の電力を使用するというライフスタイルに変化した。この結果、大量のゴミ、電力不足に伴う停電など、様々な問題も生じている。

　各家庭、事業所は図 8.5.3 のドラム缶で分別を行っている。このドラム缶に家庭、食堂などのゴミを入れるため、町にはゴミがなく衛生的である。

　2006〜2008 年には、日本の ODA によるパラオ廃棄物管理改善プロジェクト ISWMP（Project for Improvement of Solid Waste Management）が実施された。女性グループ、学校グループ、フィリピン人グループに対してゴミの分別と 3R（Recycle、Reuse、Reduce)の推進、ゴミの減量を推進する活動が実施され一定の成果を上げた。

　わが国も1964年の東京オリンピック開催に際して、地域毎に設置していたゴミ捨て場を廃止し、各家庭はポリバケツでのゴミ処理を行った。この結果、クリーンな市町村が実現できた。わが国では、ゴミの収集と処分を一体事業として行っているが、パラオ共和国では、分別・収集と埋め立て処分が一体となっていない。コロール州には国営のゴミ捨て場Mドックが設置されているが、焼却されないまま野積みされたゴミは景観上の問題に加え、メタンガスによる発火や悪臭などによる住民の健康被害が危惧されている。この様子を図8.5.4に示した。

　急激な観光客の増加は、家庭雑排水、トイレなどからの汚水を増加させ、処理施設の許容量を超える危険性につながっている。観光客が集中するコロール州

図8.5.4　分別されて回収するが、Mドックではこの状態

8.5 パラオ共和国の環境保全型観光産業の課題

ではODAによって1970年代から下水施設の整備が始まり、普及率は74％である。コロール州には大規模ホテル、パラオ共和国の人口の約70％が集中しているが、その生活排水はマラカル半島南端の下水処理場で一括処理され、処理水は海域に放流されている。下水処理方法は、地形の高低差を利用した3段階の散水ろ床法で、太陽光と微生物を利用した処理池を経て浄化する方式で、1日あたりの処理能力は2,000ガロンである。しかしODAで整備したこの処理場は、水質検査機器の破損、現地スタッフが検査技術を十分に習得できていないなど、せっかく

図8.5.5　コロール州の下水処理場（ポンプ操作施設）

図8.5.6　コロール州の下水処理場（処理池）

8章　環境保全への社会的取り組み

図 8.5.7　多くの家庭で、雨水貯留タンクを設置している

の施設が十分に機能していないのは残念である。
　郊外の家庭では雨水貯留タンク（図 8.5.7）と簡単な合併式浄化槽を設置している。水道管のメンテナンスが悪く、雨水の方がおいしくて安心だと住民は話していた。

### （3）パラオ共和国における課題の整理
　パラオ共和国における観光に関連する諸問題および、環境保全のための社会的方策検討の課題を整理した。

① 観光による経済効果と社会的効果は、観光産業を経営する外国資本や外国人従業員への波及に留まり、パラオ市民が観光客増加の社会的効果を実感しにくい。
② ロックアイランドを中心とした自然環境保護地区の漁獲禁止の立法化により、伝統的漁業の衰退を引き起こした。

③　上下水道やゴミ処理、電力などのインフラストラクチャーが、観光客の増加に伴う使用増に対応できていない。とりわけ下水道は1970年に整備されたものであり、老朽化が懸念される。
④　パラオ共和国の独立に伴い国民の所得が向上し、生活環境が大きく変化したが、環境依存型生活習慣から脱することができていない。
⑤　他国籍の観光事業者に、パラオ共和国の環境保全政策などの情報が伝わっていない。他国籍の旅行業に環境保全に対する努力や重要性を理解させ、彼らを経由して外国人旅行客に対しても環境保全の意識を醸成することが必要である。

これらの諸問題を解決し、パラオ共和国における環境保全型社会を実現するための方策として、エコ・ツーリズムの振興と環境分野での人材育成が考えられる。

## 8.6　エコ・ツーリズムと環境教育

　パラオ共和国が環境と観光を共存させるためには、パラオの自然を主体的に保全する姿勢を持つ観光客の協力が必要である。パラオを訪問する観光客はこの10年間で島民人口の4倍になるとともに、訪問の目的も大きく変化している。
　1980年代から1990年代前半はパラオの美しい海を求めたダイビング目的の観光客が主流を占めていた。しかし1990年代後半から増加し始めた台湾人観光客はダイビング目的ではなく行楽地の一つとして大勢でパラオに押し寄せ、彼らの環境に対する理解の欠如が、パラオの環境に対し深刻な影響を与えていると指摘されている。台湾人の観光オペレーターは地元の観光協会に属さず、持続可能な観光業に関する会議にも参加しない傾向があるとの指摘もある。
　パラオ観光局は、パラオ観光業の今後のあり方としてマス・ツーリズムではなくエコ・ツーリズムに重点を置くべきであると、以下のように提言している。
　「マス・ツーリズムは観光業に高成長をもたらしたが、主に利益を得たのは外国企業であり、観光客が地元において支出する金額は多くない。エコ・ツーリズムの方は、ゆるやかな成長であるが、観光客の地元への支出額も多く、環境保護

にも理解がある。また、系列化された企業による資金の国外流出の程度も小さく、パラオ経済にとりより好ましいものである。」
　しかし、パラオ政府がコンパクト・マネーの大半を使い、目標としてあげている「観光業の発展による経済自立の達成」は、マス・ツーリズムの促進にほかならない。バベルダオブ島の周回道路建設により発展する観光業への政府の期待と、パラオ観光局が主張するような内発的な観光開発をどのように両立させるかがパラオ共和国にとっての課題である。
　開発と環境保全を天秤にかけつつ、保全のための資金を獲得するために、現段階で最も良い方法が、観光客による環境保全への合理的な支出である。
　保護地区への入面料金の使途が不明なまま2009年11月1日より施行されたグリーンフィーは、パラオ観光局が提言するように、観光開発と環境保全を両立させるエコ・ツーリズム推進につなげなければならない。
　さらに、何よりも危惧されるのは、パラオ国民の環境保全および観光開発に対する意識の如何である。パラオ市民が、美しい自然環境を守ることが、国民の生活の改善（経済的にも、健康的にも）につながるという実感を持つことである。パラオ国民が自らの意思として環境を守り、観光客にも恩恵を分け与えるという姿勢を作るためには、観光産業に関わる人たちへの環境教育が第一歩である。

## （1）パラオハイスクールでの環境教育

　2012年8月に恵、大久保はパラオ共和国において、住民と高校生の環境意識の調査と環境教育を実施した。被験者は、アイライ州の教会コミュニティの22人と、パラオハイスクールの観光コースの生徒19名である。
　教会コミュニティを構成しているのは、フィリピンの出身者でパラオ共和国にてコック、ウェイトレス、メカニックなどのサービス業に従事する18歳から66歳の男女である。
　パラオハイスクールは1962年にパラオ共和国において最初に設立された公立高校である。キャリアと技術教育プログラムを採用し、各自が選択したフィールドの大学やキャリアにつながる教育を実践している。被験者となったのは、Health and Human Services-Tourism & Hospitalityで、ホテル事業、旅行業、ツアーガイド、日本語などのカリキュラムを受講しているコースの生徒たちである。
　環境に対する意識の調査・評価をアンケートによって行った。各項目に対し、

## 8.6 エコ・ツーリズムと環境教育

　視覚的情報の画像によって問題認識の共有化を図りながら、環境への潜在意識を調査した。SD法（Semantic Differential scale method）での分析を念頭に、アンケート項目数を決定した。

　視覚的情報として提示した画像は①ロックアイランド（空撮）、②エコ・ツアー（ストーンモノリス・ヤシの実の伝統的な利用法）、③赤土流出状況（裸地の浸食）、④Mドック（積み上げられた廃棄物）の4フェーズで、それに加えて菅らによる調査の成果（7章参照）の報告を行った。

　SD調査での問題の共有化を行った後に、ワークショップを実施した。パラオハイスクールではグループ毎に環境保全についての取り組みの提案をまとめた。

　パラオハイスクールの高校生たちのワークショップから、「私たちの夢」「オピニオン」として以下のようなキーワードが複数抽出できた。

　コミュニティの教育、3R、Keep Clean、水質の保持、健全な環境の保持、社会奉仕、安全、法整備などである。とりわけ「私たちはパラオの美しい島のために

図8.6.1　教会でのワークショップ

8章 環境保全への社会的取り組み

図 8.6.2　パラオハイスクールでのワークショップ

頑張る」、「コミュニティに働きかける」、「将来の世代のために保護する」、「世界中の観光客をパラオの美しい環境に引き付ける」など、自発的、自主的な表現での決意を感じる表現が多用されていた。このように、環境保全型国家、エコ・ツーリズム実現のための方策についての意見を集約することができた。

　彼らは教育課程の中でホテル・レストランサービスの実践的な講義を受講し、さらに国内のホテルや旅行業でインターンシップや、ジョブシャドウなどのキャリア教育を受けている。環境保全が観光振興に直結することを理解している彼らは、パラオ共和国における将来の観光業の担い手である。近い将来国内の様々な観光分野で彼らが活躍することが、パラオ共和国におけるエコ・ツーリズムの実現につながると期待できる。

（2）有識者ヒアリングから見た将来の展望

　環境保全、持続ある観光産業など多方面からパラオ共和国の将来を考え、活動している組織が多くある。しかし、各組織は独自性を発揮することで活動資金の

図 8.6.3　グループ討議の結果の発表

獲得を行っており、横の連携が十分にとられているとは言い難い。色々な組織、有識者からヒアリングを行い、環境教育とエコ・ツーリズムの視点から将来を展望した。

2010年から2012年の3年間の調査で、JICA関係者、地元有識者また政府関係者、観光産業従事者等、合計55人にヒアリング調査を実施した。

その結果、パラオ共和国における自然環境保護対策は、1956年のエルケウィド諸島への立ち入り禁止の決定など、1994年に独立する以前から順次整備されてきた経過が明らかになった。50年間の米国統治の影響もあり、米国の環境影響評価制度もほぼ踏襲した環境保護法（Environmental Quality Protection Act、EQPA）と環境保護委員会（Environmental Quality Protection Board、EQPB）が組織され、環境影響評価の合理的な制度が整えられている。EQPBでは水・空気・土地に関する管理全般と環境関係の無償援助、借款等の受け入れ窓口を担い、個々の事案に対するデータが集積されていた。

またパラオ共和国の環境管理制度は太平洋島嶼地域の中でも先進的な取り組

8章 環境保全への社会的取り組み

図8.6.4 Bureau of Public Works でのヒアリング調査（2011年9月）

みとして認知されている。そしてその環境保全、美化、整備のための資金を確保するために入場料やグリーンフィーを導入し、諸制度の運用資金の徴収も担保されている。

　しかし、環境整備のための資金源は外国人観光客から税金として徴収し、汚水処理やゴミ処理の対策は外国からのODAに依存しているなどアンバランスな施策が展開されているため、結果としてパラオに住み、パラオで働く人々が、パラオ政府が取り組んでいる先進的な環境保護に加担する機会がなく、制度を実感できていないことが大きな課題である。

　このような状況の中で、2007年から「環境保全に向けた先住民の知識を教える」ことを目的としたキャンプEBIILなど、優れた環境教育の取り組みが実施されている。このキャンプで子供たちは、パラオの環境保護と持続的な生活のために先住民の知識や、食文化、家族や地域との関わりを学ぶことができる。このキャンプは、パラオ芸術文化局、国立博物館、サンゴ礁センターなどとも連携が始まっており、今後さらなる発展が期待できる。

多くの方々からのヒアリング調査を通して、パラオ共和国において環境保全型社会を実現させるための情報共有方策として、以下の4つのレベルに分割して取り組むことが効果的であると考えられる。

　第1レベルは、環境教育および観光産業従事のためのキャリア教育を経験した高校生・コミュニティカレッジ卒業生の間での情報共有である。

　彼らは、パラオハイスクールでは国内の観光産業で活躍できる人材を想定した実践的なカリキュラムを受講し、さらに国内のホテルや旅行業でインターンシップや、ジョブシャドウなどのキャリア教育を経験している。また廃棄物処理や植樹などの具体的な環境保全策に関する授業を経験し、パラオ共和国の観光振興には環境の持続可能な保全が直結することを理解している。

　また、コロール州ではビーチボーイと呼ばれる若者に対する海岸保全活動を通した矯正プログラムが存在している。パラオハイスクールの生徒と同世代の彼らに対しても情報共有と教育を施すことで、環境保全を担う人材育成の効果が期待できる。

　第2レベルは、小・中学生までの子供たちに対するプログラムを通しての情報共有である。EBIILキャンプのプログラムがその参考になる。パラオ共和国の歴史や伝統・文化、言語を理解させ、体験するプログラムを通して、パラオ人のアイデンティティを醸成することが期待できる。

　第3レベルは、環境意識を醸成する機会を持たないまま成人し、パラオで暮らし、働く人々に対するプログラムを通しての情報共有である。それぞれが使用する水の水源、処理場、ゴミの処理場など、自分自身の生活を軸として環境を見直してもらうためのプログラムが必要である。そのために役立つのが、これまでパラオ共和国で展開されてきた様々な調査や研究成果である。研究報告の内容を市民が理解し、自身の生活に転嫁できる方策にまでブレイクダウンする工夫が、行政や研究者にも求められる。

　最後の第4レベルは、他国籍の旅行業および外国人観光客に対するプログラムを通しての情報共有である。パラオの自然環境は、現時点ではマス・ツーリズムの商品として、観光客によって消費されているに等しい。つまり、環境に最も大きなインパクトを与えているのは観光客にほかならない。グリーンフィーや観光のための入場料という形で環境保護の資金を支出するだけではなく、パラオ本来の自然の美しさや文化を理解し、保護する意識を持ち積極的に行動できる機会

を与えることが必要である。先に述べた3つのレベルのプログラムの成果としてのエコ・ツーリズムのモデルにもなる。

　そのためにも、パラオに暮らし、働く人々がその価値を正しく理解することによって誇りや自信を芽生えさせ、自然保護の役割を担う意識が醸成されることが最も重要な要素である。

参考文献

Otobed, D. and Maiava, I.: Palau—State of the Environment Report, South Pacific Regional Environment Programme, 1994.

大澤和敏、池田駿介、久保田龍三朗、乃田啓吾、赤松良久：石垣島名蔵川流域における土砂輸送に関する長期観測およびWEPPの検証、水工学論文集、52、pp.577-582、2008.

沖縄県：赤土等流出防止対策基本計画、2012.

宮本善和、成瀬研治、松下　潤、惠　小百合：沖縄地方の赤土流出防止に向けた流域経営システムに関する研究―基金制度の視点から―、第13回地球環境シンポジウム講演論文集、2005.

宮本善和、成瀬研治、千村次生、藤田智康、玉城重則、金城朗子：沖縄県の赤土流出防止を促進する地域協力型環境保全営農支援制度の構築、土木学会論文集G（環境）、Vol.68、No.5、pp.77-88、2012.

宮本善和、玉城重則、林田龍一、黒島秀信、恩田　聡：連環構造分析を用いた沖縄県の耕土流出防止を促進するコーディネート作業の体系化、土木学会論文集G（環境）、Vol.69、No.5、pp.107-115、2013.

横川　洋：『生態調和的農業形成と環境直接支払い―農業環境政策論からの接近―』、青山社、2011.

## コラム⑧

## センスオブワンダー・エコツアー

　パラオ共和国で「自然体験型エコ・ツアー」に参加した（2011年9月25日）。
　このツアーはイルカの飼育・研究、環境教育に取り組む企業が主催するもので、UNESCOのベストプラクティスに選定されたEBIILソサエティのアン・シンゲオ氏が企画から監修している。ツアー名称は「センスオブワンダー・エコツアー」で、自然体験型エコ・ツアーと紹介されている。
　バベルダオブ島北部にあるガラロン州の小さな村で住民がガイドをするもので、昼食はパラオの伝統的な生活様式の小屋でタロイモやタピオカを使った伝統料理を楽しみ、食後はココナッツミルクやオイルの絞り方を習う。島内の祭礼遺跡（ストーンモノリス）を訪ね、カヤックでマングローブや鳥類を観察するなど、パラオの歴史・自然や文化、習慣を楽しく学ぶ構成になっている。ツアーの性格上、定員は7名と小規模で運営されている。
　ツアー途中でタイヤがパンクするというハプニングがあった。ところが道端で立ち往生する私たちに、通りがかったすべての人々が「ダイジョーブ？」と声をかけてくれ、タイヤの交換にも力を貸してもらった。パラオでの忘れられない思い出である。（惠 小百合、大久保あかね）

# 索引

## 欧文

ADCP——24
BOD——**13**、**32**、56、57、68
COD——**13**、**32**
DEM——24
DO——**12**、13、32、56、57
DO垂下曲線——**58**
GeoWEPP——**40**、44、133、134
GIS——24、37、40、44
HEP——72
H-Q曲線——**25**
JICA——223
L-Q式——**27**、28、**36**
ODA——215、217、224
pH——13、26
SD法——**221**
SPSS——**31**、118、132
SS濃度——**11**、22、26、27、29、110、111、116、128-130、162、184
SWAT——**36**、**37**
TOC——**32**
USLE——**3**、20、**37**、38
WEPP——**37-47**
WEPPモデル——199

## あ

赤土——**18**、120、**122**、123、135、138、143、**170**、172-174、**176-178**、181、183、186-199、202、206、210、211、221
赤土堆積——18、118、178
赤土等流出防止基本計画——**205**
赤土流出問題——**31**、50、**122**
赤土流出抑制対策——**157**、159、**165**、**170**、199、210
亜硝酸態窒素——**10**、33、107、110
圧力式水位計——24
アナカリス——**86**-89
亜熱帯——135、168、**170**、176、204
安定同位体——**15**
安定同位体比——16、29、**34**、35、132
アンパル——**120**、138、168
アンモニア——9
アンモニア態窒素——**10**、33、107、109、111、162
石垣島——18、45、46、78、104、123-125、132-138、152-154、157、168、**170**、177、204、206、208、210
一次生産——9、33、61、68、78-80、97
西表国立公園——**120**、168
ウォッシュ・ロード——8、26、**95**
雨滴侵食——**2**、23、41、43
営農対策——205、206
営農的対策——38、47、164
栄養塩——7、8、11、12、29、31、**33-36**、55、61、66-68、72-80、94、**97**、98、100、104、106-110、113-115、122、129-132、148、162、165、172、174、177、204、206
エコ・ツーリズム——**219**、220、222、223、226
エルニーニョ現象——177
塩分濃度——26
置土——**84**、**102**
オニヒトデ——135、143-145、154、172、210
温度成層——12、**94**
温度躍層——98

## か

塊状サンゴ——144
化学的風化——**176**、198
河床材料——53、66、70、72、84
河川生態系——**52**、54、55、68、78、84
河川連続体仮説——**52-54**
褐虫藻——**135**
カバークロップ——161、206
カビ臭——97

株出し——124、**157**、165、204、206、211
ガリ——**3**、122、174、176、181、182、192
環境影響評価——73、223
環境基準——**13**、14
環境教育——220、223-225
環境付加価値認証——207
環境保全——222、224
環境保全型社会——219、225
環境保全型農業——204、206-208、211
環境ホルモン——**15**、86-89
観光産業——122、172、213、220、222、225
間作——157、161
間作作物——161、210
感潮域——127、183
基金——205-210
キクメイシ——138、143、144
吸着——7、8、66、111、127
強熱減量——11、**33**、34、75、107
クリーク——**105**、113、114
グリーンフィー——**214**、220、224
グリーンベルト——46、157、**159**、195、205、206
黒潮——137、208
クロロフィル——**33**、34
下水処理場——217
限界掃流力——**4**、5、41、43
嫌気呼吸——11
減耕起——157、160、161
懸濁態物質——11、12、61-**63**、74、116
懸濁物質——31、132、177
原単位法——36
好気呼吸——11
光合成——10、12、33、52、58、65、97、130、135、172、177
高水敷——78、92
高水敷土壌——74-77
洪水パルス仮説——**54**、55
コドラート——142、143
コドラート調査——**142**

ゴミ問題——215

さ

再曝気——**12**、56、57、65
サトウキビ——20、45、46、124、138、157、160-162、165、204、210、211
酸化還元電位——**11**、26
サンゴ——18、31、122、123、130-157、165、168、177、197、208
サンゴ礁——115-118、122、**135**、137、138、140、142、143、145、146、148、152、156、157、168、170、172、174、177、194、197、204、207-210、224
サンゴ礁被度——116、117
サンゴの被度——118、140
シールズ応力——**4**
自浄係数——**58**
自浄作用——56
糸状藻類——**68**、69、84、86
糸状体藻類——80、82
自濁作用——68
自動観測システム——22
斜面長——20、43、124、126、157、159
樹枝状サンゴ——147、156
受食性——23
硝化——10、72
硝酸——9
硝酸態窒素——10、29、33、61、**64**-67、104、105、107-111、131、162
植生帯——157、**159**
植被率——22、23、162
植物性プランクトン——94、97、98
植物プランクトン——33、35、52、53、68
侵食——**2**、3、37、41、43-45、50、126、133、159-162、165、196、197
浸透流——71、72、106、110、113、114、129、162
水質基準——13
水質浄化——72、86

瀬——**69**-71、78、79
生息場適正評価手法——72、73
生態系——31、54、55、122、132、135、165、212
世界複合遺産——212
石西礁湖——18、132、137、138、140、143、146-157、168、208
石西礁湖サンゴ礁基金——**208-211**
洗掘——8
選好曲線——**72**、73
全窒素——29、66-68、127-129、162、163
全リン——29、66-68、74、127、162、163
造礁サンゴ——140
造成地——181-184、186-192、194、198、199
掃流——184、189、191
掃流砂——**4**、5、82、84、86、**95**
掃流力——2-4、41、82、99、161
藻類——33、53、58、60、61、68、78-84、86、89、97、135、148、151、156、177

## た
堆砂——**95**、96、102、163、164
代謝量——54
堆積——8、39、62、76、95-97、99、100、102、104、111、112、172
濁水——7、42、94-96、102、130、194
濁度——12、22、25、26、29、**32**、82、96、184、186、188、189、191
濁度計——22、26、29、32、33、50、184、189、191
脱窒——10、64-66、68、72
タンクモデル法——36
淡水赤潮——97
地球温暖化——135
窒素——9、10、15、29、33、34、36、74、77、97、127、128、131、174
窒素汚染——9
着床具——**145**-151、156
超音波流速計——24

潮汐作用——115
沈砂池——20、157、163、164、192
電気伝導度——26
電磁流速計——24
透水性——3、23
土砂生産——41、120
土砂堆積——116-118、120
土砂バイパス——98
土砂輸送——**4**、46、92、124-128
土砂流出——35、37、46、133、158-162
土壌——2、3、20、22、23、36、37、39-44、55、78、86、113、160、162、170、176、177、193、197
土壌侵食——20、35、37-39、45、46、50、122、123、126、129、133、158、161、162

## な
名蔵湾——18、30、116、120、123、130-133、137-142、144、147-151、154-157
夏植え——124、**157**、161、204
難溶解性酸化物——176
熱帯——135、138、170、176
農耕地——124

## は
パーシャルフリューム——22
廃棄物処理——225
バイパストンネル——96
パインアップル——46、124、126、138
白化——135、138、143、145、148、151-155、172、174、177、178
白化現象——138
曝気——71
発生源対策——165
パッチリーフ——142
バベルダオブ島——173、174、176、**179**、180、220
ハマサンゴ——136、138、143-145、156
パラオ——172、183、219

231

パラオ共和国——170、**172**、176、177、185、194、197、198、212-220、222、223、225
パラオハイスクール——220-222、225
春植え——124、**157**、160、204
氾濫原——52、54、55、74、78
比土砂輸送量——124-126
貧栄養——131、135、177
貧酸素水塊——97
ファイトレメディエーション——**86**、89
富栄養——7、9、97、131、135、143、148
不耕起栽培——45、46、157、204、211
淵——**69**-71、78、79
付着藻類——33-35、52、53、66、68、78-86、102
付着性藻類——**60**、63、64
物質循環——50、55、58、59、68、122
物質循環モデル——114
物質動態——36、52、56、58、104
浮遊砂——**4**、7、8、26、**95**、99、111、112、115、184、189-191
フラッシュ放流——84-86
分光光度計——33
閉鎖性水域——9、13、97
ポリプ——135、137、142、144

## ま
摩擦速度——3、4、79、82、84、184、190
マス・ツーリズム——219、220、225
マリンブロック——**147**-151、156
マルチング——46、50、157、160、161、204-206
マングローブ——8、78、**104**-116、120、127、172、174、178、180
ミドリイシ——136-140、142-146、148-150、155-157
無耕起——45、160

## や
八重山諸島——137

焼畑——170、174
有機炭素——111
有機物——9-11、13、33、35、43、44、53-56、58、68、73、75、76、97、104、107、110、113、127、129
有機物生産——52、53
有機物生産量——54、55
幼生——137、138、145-148、151、156
溶存酸素——**12**、26、32、56、61、**64**、65、**66**、94
溶存態——11、73、97、109-111、114、115、131、162、191、192、197、198
溶存態有機炭素——62、63、65、109、113、114
溶存態有機物——72、104-107

## ら
ラグーン——104、111、114、115、120
ラムサール条約——120
藍藻類——97
リター——55、**104**、107-109
流域——124、198
流域経営——204
流域圏——122
粒子態——11、12、54、71、73、74、97、100、107、109、111、162
粒子態窒素——75、107、108、110
粒子態有機炭素——110
粒子態リン——7、74、75、97、111、115、116
流水型ダム——**98-100**
粒度——**23**、74、75、84
リル——**3**、41、43
リン——9、10、**12**、33、36、74、78、94、97、110、111、116、127、174
リン酸態リン——29、61、**64**、**66**、67、74、109、110、113-115
礫床河川——71、78
ロックアイランド——194、**212**、218、221

## 著者紹介

**池田駿介** (いけだ・しゅんすけ)　工学博士

　(株)建設技術研究所国土文化研究所長、(公社)日本工学アカデミー専務理事、東京工業大学名誉教授。
　東京大学土木工学科を卒業後、同大学院を経て、東京工業大学に奉職。日本学術会議会員(第3部幹事)、日本流体力学会会長、日本工学会副会長、科学技術・学術審議会臨時委員、中央環境審議会特別委員・臨時委員、(公財)河川財団評議員会長などを歴任。専門は、水理学。
　主な著書に、『詳述水理学』(技報堂出版、1999)、『新領域土木工学ハンドブック』(編集委員長、朝倉書店、2003)、*Flow and Sediment Transport in Compound Channels* (Editor, IAHR Monograph Series, 2008)、などがある。
　担当：序、1章、3章、4章

**菅　和利** (かん・かずとし)　博士(工学)

　芝浦工業大学名誉教授、NPO法人日本水フォーラム代表副理事、(公社)淡水生物研究所理事。
　芝浦工業大学土木工学科を卒業後、芝浦工業大学の助手、講師、助教授、教授(定年退職)を経て現職。
　埼玉県川の再生懇談会座長、Pacific Environmental Fund 技術諮問委員(外務省関連、事務局フィジー)、大学基準協会評価委員などを歴任。専門は水理学、河川工学。
　主な著書に、『101題水理学演習ノート』(日本理工出版会、1991)、『土木情報処理の基礎』(編集委員、土木学会、1999)、などがある。
　担当：7章

**岡本峰雄** (おかもと・みねお)　水産学博士

　東京海洋大学大学院海洋科学系教授。
　鹿児島大学水産学部増殖学科卒業後、海洋科学技術センター(現、海洋開発研究機構。1973年〜)を経て、2002年より東京海洋大学(元、東京水産大学)に奉職、現在に至る。専門はサンゴ礁生態学。
　主な著書に、『沿岸の環境圏』(フジテクノシステム、1998)、『消える日本の自然』(恒星社厚生閣、2008)などがある。
　担当：6章

戸田祐嗣 (とだ・ゆうじ) 博士（工学）

　名古屋大学大学院工学研究科社会基盤工学専攻准教授。
　東京工業大学土木工学科を卒業、同大学院中退後、東京工業大学土木工学専攻助手、名古屋大学社会基盤工学専攻講師を経て、現在に至る。
　土木学会水工委員会委員、土木学会論文集編集委員会幹事、国土交通省天竜川リバーカウンセラーなどを歴任。専門は、環境水理学、河川工学。
　主な著書に、『アサリと流域圏環境―伊勢湾・三河湾での事例を中心として―』(分担執筆者、日本水産学会監修、恒星社厚生閣、2009)、『シミュレーション辞典』(分担執筆者、日本シミュレーション学会編、コロナ社、2012)、『全世界の河川辞典』(編集委員、丸善出版、2013)、などがある。
　担当：1章、3章

大澤和敏 (おおさわ・かずとし) 博士（農学）

　宇都宮大学農学部准教授。
　宇都宮大学農学部を卒業後、東京大学大学院農学生命科学研究科修了後、東京工業大学大学院理工学研究科助教を経て、現在に至る。専門は、農地工学、物質循環学。
　担当：2章、6章

赤松良久 (あかまつ・よしひさ) 博士（工学）

　山口大学大学院理工学研究科社会建設工学専攻准教授。
　東京工業大学土木工学科を卒業後、同大学院修了。日本学術振興会特別研究員、琉球大学、東京理科大学を経て、2010年から現職。専門は、環境水理学、河川工学。
　担当：2章、3章、5章

惠　小百合 (めぐみ・さゆり)　工学修士

内閣府公益認定等委員会常勤委員、江戸川大学名誉教授。
東洋大学工学部建築学科卒業、東京大学大学院工学系研究科建築学専攻修士課程（工学修士）、同博士課程単位取得満期退学、（財）政策科学研究所主任研究員、江戸川大学教授を経て、現職。専門は、建築環境工学環境心理学、環境まちづくり、市民公益活動による地域社会づくり。
主な著書に、『気づきの現代社会学―フィールドは好奇心の協奏曲―』（共著、梓出版社、2012）、『19歳のライフデザイン』（共著、春風社、2007）など。
担当：8章

大久保あかね (おおくぼ・あかね)　博士（観光学）

常葉大学経営学部経営学科（富士キャンパス）教授。
奈良女子大学文学部を卒業後、（株）リクルート勤務の後、1998年に立教大学観光学研究科に社会人入学、2003年に博士号取得。2006年に富士常葉大学に奉職、大学組織変更に伴い2013年より現職。専門は、観光学、観光文化・宿泊産業論。
主な著書に、『21世紀の観光学』（第12章 旅館と女将、学文社、2003）、『観光学全集1、観光学の基礎』（第6章 観光史、原書房、2009）などがある。
担当：8章


## 国土文化研究所

　国土文化研究所は、建設コンサルタントである（株）建設技術研究所の社内シンクタンク機能を持つ組織として、2002年4月に設立された。その目的は、国土文化という視点から安全で美しく、持続性のある国土と社会を創造するための研究や提言を行うことである。また、これらの研究の実施やその成果の出版以外に、2008年からは市民向けのオープンセミナーや日本橋地域活性化のための船めぐりの運営を行い、社会貢献を行っている。活動の詳細は、http://www.ctie.co.jp/ に記載されている。

環境保全・再生のための
土砂栄養塩類動態の制御

©2014 Research Center For Sustainable Communities
Printed in Japan

2014年10月31日　初版第1刷発行

監修者　池田駿介・菅　和利
編　者　国土文化研究所
発行者　小 山　　透
発行所　株式会社 近 代 科 学 社
　　　　〒162-0843 東京都新宿区市谷田町2-7-15
　　　　電話 03-3260-6161　振替 00160-5-7625
　　　　http://www.kindaikagaku.co.jp

大日本法令印刷　　ISBN978-4-7649-0466-8
　　　　　　　　　定価はカバーに表示してあります。